别
趣味科普经典丛书

有趣的几何

〔俄〕雅科夫·别莱利曼 著
刘时飞 译

中国水利水电出版社
www.waterpub.com.cn
·北京·

内 容 提 要

这是一本讲述几何学基础知识的趣味科普经典。生活中，各种事物都存在着常见的几何关系，如何将学到的几何学知识应用到实际方面？别莱利曼将帮你把几何学从教室的围墙里、科学的“围城”中，引到户外去，如树林里、原野上、河边、路上，在那里摆脱公式和函数表，无拘无束地活学活用，用几何知识重新认识美丽的世界……

图书在版编目（CIP）数据

有趣的几何 /（俄罗斯）雅科夫·别莱利曼著 ; 刘时飞译. -- 北京 : 中国水利水电出版社, 2021.5
（别莱利曼趣味科普经典丛书）
ISBN 978-7-5170-9553-8

Ⅰ. ①有… Ⅱ. ①雅… ②刘… Ⅲ. ①几何学-青少年读物 Ⅳ. ①O18-49

中国版本图书馆CIP数据核字(2021)第076397号

书　　名	别莱利曼趣味科普经典丛书·有趣的几何 BIELAILIMAN QUWEI KEPU JINGDIAN CONGSHU·YOUQU DE JIHE
作　　者	〔俄〕雅科夫·别莱利曼　著　　刘时飞　译
出版发行	中国水利水电出版社 （北京市海淀区玉渊潭南路1号D座　100038） 网址：www.waterpub.com.cn E-mail：sales@waterpub.com.cn 电话：（010）68367658（营销中心）
经　　售	北京科水图书销售中心（零售） 电话：（010）88383994、63202643、68545874 全国各地新华书店和相关出版物销售网点
排　　版	北京水利万物传媒有限公司
印　　刷	唐山楠萍印务有限公司
规　　格	146mm×210mm　32开本　10.25印张　204千字
版　　次	2021年5月第1版　2021年5月第1次印刷
定　　价	49.80元

名师点评人简介

贾艳菲，硕士研究生学历，主修数学教育专业。现供职于北京市育英学校，曾先后在小学部和初中部教授数学学科，对中小学数学教学有系统的认识与理解。曾多次参与课题研究与论文撰写，并获得北京市一等奖荣誉。

目 录

CONTENTS

第一章　丛林中的几何学

第二章　河畔的几何学

第三章　旷野上的几何学

第四章　大路上的几何学

第五章　不用公式和函数表的旅游三角学

第六章　天与地在何处相接

第七章　鲁滨孙的几何学

第八章　黑暗中的几何学

第九章　关于圆的新旧材料

第十章　不用测量和计算的几何学

第十一章　几何学中的大和小

第一章 丛林中的几何学

作为伟大的数学家，大自然不知孕育着多少几何学的秘密，而丛林中的秘密更是众多。其中，阴影测量的方法就是极为简单的一种。

用阴影长度测量高度

如今我还时时回想儿时曾令我感到惊讶的事。那件事是这样的：一位守林人为了测量一棵大树的高度，使用了一个极小的仪器。测量时，他在一棵大树附近站好，然后通过一个四方形的木板来观察大树。就在我以为他就要开始测量树的高度时，他却将那个方形的仪器装入口袋，然后轻松地告诉大家，他的工作已经完成。在我看来，他明明之前什么也没做，测量工作应该刚刚开始才是。

这种测量方法像神奇的魔术般，他既不必爬到树顶测量，也不必把大树砍倒，就能轻易地测量出大树的高度，幼小的我觉得这就是一个奇迹。后来我逐渐长大，懂得越来越多知识，才明白这其实是个极其简单的方法，而利用简易的仪器或不用其他任何工具来辅助完成测量的方法也有很多。

泰勒——一位古希腊的哲学家，他曾在公元前6世纪用一种最简单而又最古老的方法测量出金字塔的高度。太阳下金字塔的阴影就是他测量金字塔的“工具”。那时候的法老和祭司们都无法相信这个从北方来的异客可以测量出胡夫金字塔的高度。据说，泰勒选择了自己的影子和身高等长的时间，他认为这时测量出的金字塔的阴影长度就等于金字塔的高度。泰勒灵活地运用了等腰直角三角形的相似原理。

如果把这位古希腊哲学家解决问题的办法运用到今天，就算是现在的小学生也会感到非常简单。但我们要切记：现阶段学习到的几何知识都是古希腊以后逐渐建立的，我们现在看问题是运用了前辈们努力探究后的成果和结论。欧几里得是古希腊的数学家，他在公元前300年就写了一部很了不起的书《几何原本》。2000多年过去后，这本书仍是我们教育下一代的重要书籍。

这本书中所讲的定理现在的中学生都知道，然而在泰勒的时代，却不被人们知晓。因为泰勒用阴影测量金字塔高度，所以他需要了解一些关于三角形的性质。首先，等腰三角形的两个底角相等，换言之，一个三角形有两个相等的角，它们对应的边也一定相等；其次，三角形的内角和为180°。因为泰勒知道三角形这两个性质，所以他能判断：当自己的身高和影子等高时，太阳与地面的夹角为45°，并得出那时金字塔的塔高与阴影等高的结论。

当阳光明媚时，单独的大树的阴影并不会和相邻的其他大树的阴影交叉，所以，利用这种办法测量这棵大树的高度比较简便。但这种办法并不适合运用在纬度较高的地方。原因在于，纬度较高的地方，太阳升起的高度比较低，测量物体高度只能在正午前后一段很短的时间内进行，不像低纬度的埃及有充裕的时间选择。因此，泰勒采用的这种办法并不是放之四海而皆准的。

现在，我们可以巧妙地利用相似三角形的性质。我们稍微调整一下刚才使用的办法——使得在太阳照耀的有利条件下更好地测量高度。为此，我们不仅要知道阴影的长度，还要知道另一个物体，如木杆的长度，如此，就能测算出所需测量物体的高度了（图1–1）。

$$AB : BC = ab : bc$$

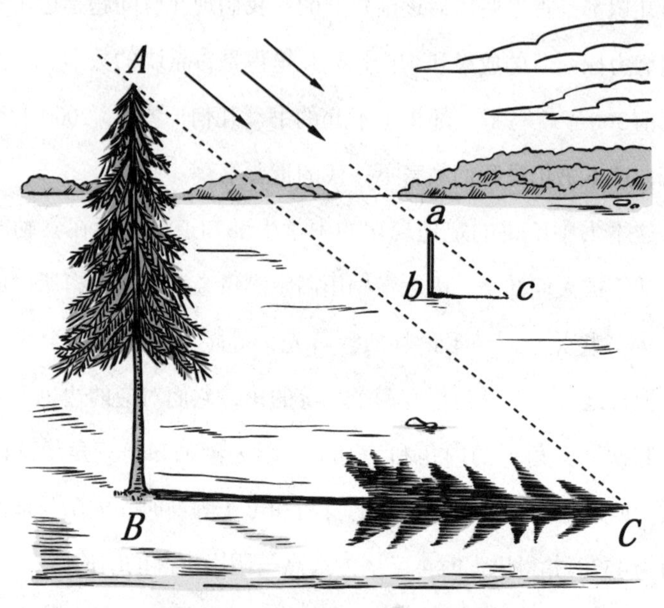

图 1-1 利用阴影测量树的高度

由相似三角形的性质可知，树影和树高的比值与身影和身高的比值相等，所以知道了*BC*、*ab*、*bc*就可以方便地计算*AB*的高度了。

此时此刻，作为读者的你是不是有这样的疑问：如此浅显的道理，是不需要几何学来引证的，即便是没有几何学，我们同样能知道，在相同时刻树高与树影是同一比值。然而，亲爱的读者，你未免想得太过简单了。不信？你可以把这个规则应用在街头路灯照射下物体的高度上，现在，你是否发现这个规则就不适用了。从图1-2中我们可以清楚地看到：大木柱*AB*的长度是小木柱*ab*的3倍，但是大木柱的阴影*BC*是小木柱阴影*bc*的8倍。想知道为什么是这样的结果吗？为什么非常适合于上一个情形的方法却在这种情形中讲不通？如果你想解决这个问题，就需要学习几何学的知识。

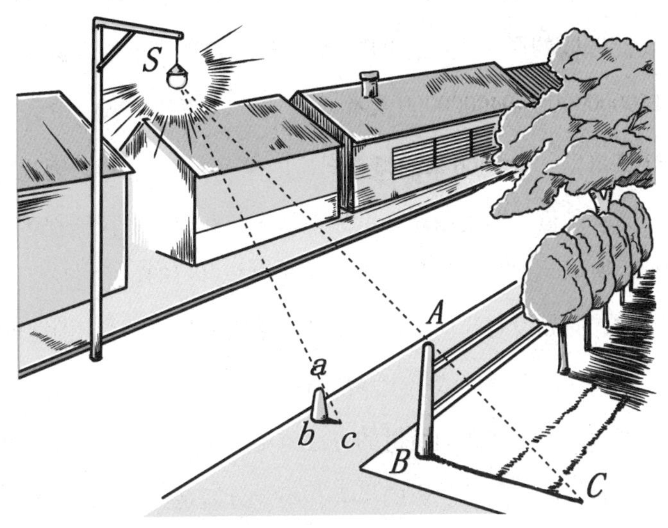

图 1-2　灯光照射下的高度与阴影

【题】我们来分析一下两种情况下的不同。在肉眼范围内可以看到，太阳光是平行的光线，而路灯光与太阳的平行光线不同，它是放射状的光线。因此，我们会产生疑问：为什么太阳的光线是平行的呢？太阳光线不都是以太阳为原点向外散发吗？图 1-2 这种测量方法适用于什么情形呢？

【解】由于每条太阳光线角度太小，即使用最精准的仪器都无法测量，因此我们把太阳光视作平行光。为了解释这一点，我们需要运用一个很简单的几何学知识。首先，假定太阳光是以太阳为原点向外散发的，现在我们选择两道光线为例。这两条光线投射到地球上的两点距离为1000米。这就等于是：以太阳这个发光点为圆心，以太阳到地球的距离（150000000千米）为半径画圆，我们选取的两道光线之间的弧长为1000米，这个圆的周长为$2\pi\times150000000\approx940000000$千米。

计算得出：这1000米的弧长对应的角度只有$\frac{1}{720}$秒。因为这个角度太微不足道，即使用现在世界上最先进和精准的仪器都难以测量出来，所以，把太阳光视作平行光线也是可行的。

因此，假如没有几何学作为支持，前文中提到的利用阴影测量高度的方法就没有任何依据了。

尽管如此，上述我们所讲的方法也不是很可靠，尤其是在做实地试验的时候。原因是阴影的尽头并不十分清楚，测量阴影的实际长度存在一定难度。所以实际生活中，我们可以发现：太阳光投射出的任何一个阴影，到了尽头处都是模糊不清的。其原因就是太阳光不是从一点发出的，太阳相比地球是一个更大的发光体，太阳光线是由它庞大的表面散发出来的。图1–3解释了树影BC为何会多出一段慢慢消失的半影CD。此时，半影两端点C、D和树梢A的夹角$\angle DAC$与我们前述的太阳圆面形成的夹角相同，即等于0.5度。所以，仅仅因为太阳位置较高，阴影测量不完全准确产生的误差就有可能达到5%或者更大。要是再有其他的不可避免的因素（如地势高低不平等），那么，其引起的误差将会使结果更加不可靠。比如，这个方法在丘陵地带就不完全适用。

图1-3　半影的形成

另外两种方法

接下来，我们讲两种无须利用阴影的测量办法，这两种方法也非常简单。

第一种方法是：用3个大头针在一块木板上画出一个等腰直角三角形，接着的测量需要利用等腰直角三角形的性质。先找来一块较为光滑的木板或者树皮，在上面画一个等腰直角三角形，接着分别在3个顶点上钉上3个大头针（图1-4）。

此时，有的读者可能会问：如果我手上没有三角板，画不出正确的直角应该怎么办呢？解决这个问题的方法很简单，只需要把一

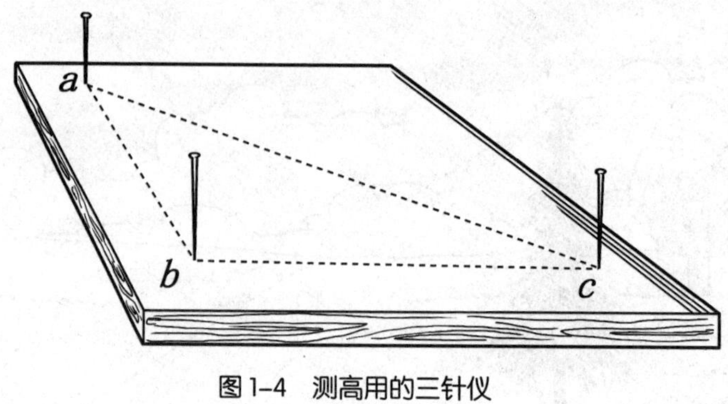

图1-4　测高用的三针仪

张纸对折两次（对折再横折）就会出现一个直角了。如此看来，即使是在野外露营，也能很快制作一个直角三角形。令人惊喜的是，使用这个仪器要比制作它更简单。

使用前要知道如何让一条直角边处于竖直状态。这个方法也很简单：我们可以在直角边的顶点上钉上一根系有重物的细线，而且保证细线和直角边重合。然后，你用手拿着仪器（图1-5），在树的前面寻找一个点A，从点A出发，让点a、点c和树梢上的点C在同一直线上（即a、c两个大头针正好挡住树梢上的C点）。此时三角形aBC恰好是一个等腰直角三角形。大树的高度$CD=BC+BD=aB+BD=AD+aA$，所以，只要再测出AD的长度和aA（眼睛距离地面）的高度，大树的高度就可以计算出来了。

第二种方法更加简单。首先，竖立一个长杆在地面上，长杆露在地面上的高度要与自己的身高相等。然后我们需要找到一个点b（图1-6），点b使我们躺在地上脚跟紧贴长杆底部时，眼睛、杆梢

a、树梢C位于同一直线上。此时，三角形ABC就是一个等腰直角三角形。树高$BC=AB=Ab+bB$，所以，我们再测量出bB的长度就能计算出大树的高度（即眼睛到树根的距离）了。

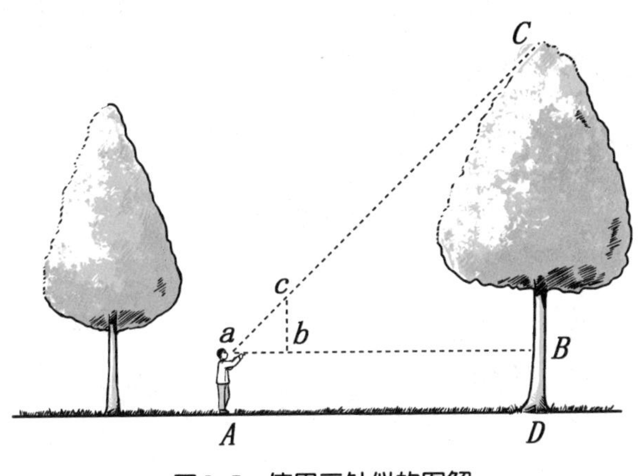

图 1–5　使用三针仪的图解

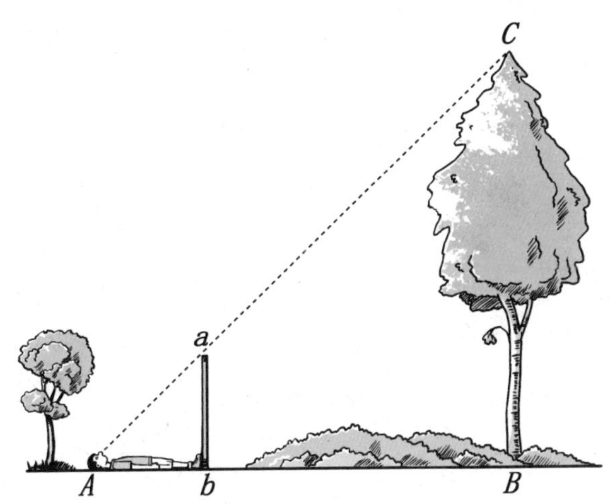

图 1–6　另一个测量树高的方法

测高妙法

在著名的科幻小说《神秘岛》中，儒勒·凡尔纳也曾经介绍过一个比较简单的测量物体高度的方法。

工程师说："我们今天得去测量眺望台的高度。"赫伯特说："那我们需要什么仪器呢？"

"我们需要转换一种测量方式，这种方式不需要使用任何仪器，但结果和昨天一样准确。"

赫伯特是一个很热爱学习的青年人，所以他绝对不会放过这样的学习机会，于是他和工程师一起前往眺望台。

到达眺望台后，工程师取出一根大约长12英尺[1]的直杆。因为他清楚地知道自己的身高，所以他比较了一下直杆和自己的身高，就大约知道直杆的长度了。测量好后，赫伯特接过工程师递给他的一块系有细线的石块。

工程师走出眺望台，然后在离眺望台约500英尺的地方停下脚步，往沙土中插入直杆，插入沙土的长度约为2英尺，然后他用手中的工具悬锤调整直杆，使它竖直。

接着，他继续往外走，直到找到一个地方，并仰面躺

[1] 1英尺=0.3048米。

下。此时，在这个位置上，眼睛、直杆的顶点和眺望台的顶点都处于同一直线上（图 1–7）。然后他把短木桩插在了这个点上，并问身边的赫伯特：“你知道几何学吗？”

图 1–7　测量眺望台的高度

“是的，我了解。”

“那么你知道相似三角形的性质吗？”

“相似三角形的对应边成比例。”

“对。我们现在不就有两个相似三角形吗？相对小的三角形一条边是短木桩到直杆的距离，另一条边是竖直的木杆，以我的视线为弦；相对大的三角形一条边是眺望台的高度，另一条边是短木桩到眺望台的距离，同样以我的视线为弦，因此和小三角形的弦在同一直线上。”

“哦，我懂得了。直杆高度与眺望台高度的比值，等于短木桩到直杆的距离与短木桩到眺望台距离的比值。”

“是的。因而我们只要知道短木桩到直杆和眺望台的距离以及直杆的高度，眺望台的高度便可以通过比值计算出来。”

通过测量可知，短木桩到直杆的距离是15英尺，到眺望台的距离是500英尺。所以：

$$10 : x \approx 15 : 500$$

解得$x \approx 333$英尺。

因此，眺望台高度约为333英尺。

侦察兵的测高绝招

以上我们介绍的几种测高的方法都有一个共同的不足之处，那就是都需要躺在地上。那么，我们能否找到一个不需要躺在地上的方法呢？例如：在战争中，某个分队接受命令在山涧上架设一座桥梁，但敌人就在对岸。分队决定派出一个侦察小组计算出树林中有多少能用于架桥的树木，以此了解架桥所用的材料。为此，他们需要先测量树高。如图1–8所示，他们借助一支测量杆来测量树高。

所需的测量杆高度必须略高于身高。首先，把测量杆竖立在大树前面，并离开一段距离。然后，测量人员沿着Dd的延长线向后退，直到点A，在该点上，眼睛、测量杆的杆顶和大树树梢恰恰处于同一直线。

接着，测量人员水平看向大树，在视线与测量杆和大树分别相交的点c与点C上以后做好记号。现在，观测工作就完成了。随后，根据相似三角形的性质$bc : BC=ac : aC$，可得出$BC=bc\times\frac{aC}{ac}$。同样能直接测量出式中的aC、ac、bc，大树的高度等于BC与CD的和。

为了测算树林中的树木数，组长先派遣人员测量树林的面积，接着数出在50平方米内的树木，然后利用简单的乘法计算出树林中的树木数。于是，分队利用这些数据选择在一个恰当的地方搭建桥梁。战斗任务也因此顺利结束了。

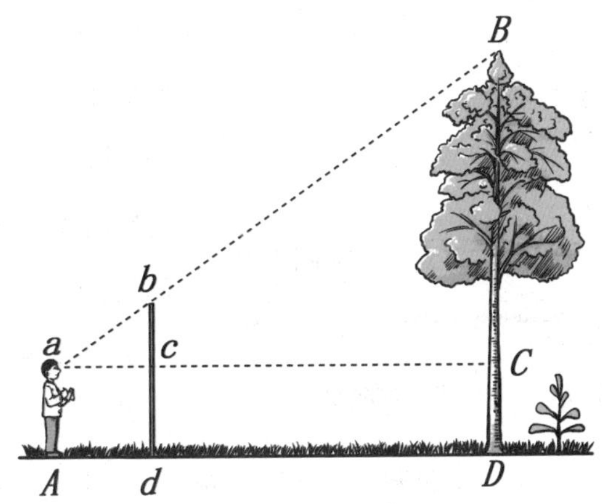

图1–8　利用测杆测量高度

借助记事本测高

假如需要测量一个不可能攀登的高度，但结果并不要求太准确，那就可以利用袖珍记事本（附带小铅笔的那种）来完成。事实上，这个记事本是个相当不错的测量仪器。

基本的思路是：把记事本放在一只眼睛前面（图1–9），并维持记事本的竖直状态。接着把铅笔慢慢往上推，直到从点a方向看去，铅笔尖b点恰好能挡住树梢B点。这时，出现了两个相似三角形：三角形abc和三角形aBC。由相似三角形的性质可得$bc：BC=ac：aC$，得$BC=bc\times\dfrac{aC}{ac}$。

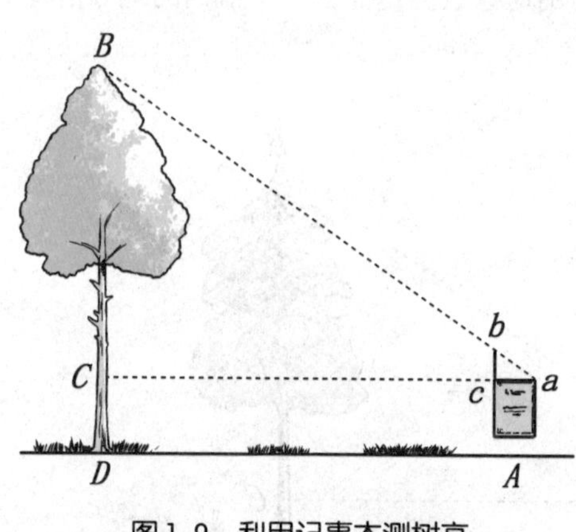

图1–9 利用记事本测树高

由于式中aC、ac、bc皆可直接测量，因而用所求的BC加上CD就等于大树的高度了。CD的高度与你的眼睛到地面的距离相等。我们接着思考，记事本的宽ac是不变的，因此，只要你站在树前的位置（aC的距离）不变，就只剩下一个变量bc了。当我们得知bc的数值时，就可以知道大树的高度了。

接着，我们来思考一下：假如在铅笔上画上刻度，这样大树的高度就能直接读数了。这个简易的装置也就成了一个测量仪了。

不必靠近大树的测高法

有的读者有这样的疑问：要是无法接触测量的大树，还能够测量它的高度吗？答案是肯定的。接下来，我们一起学习制作一个简单的测量仪器。准备两根木条（图1–10），并把 *ab* 垂直地钉在 *cd* 上，使 $ab=bc=2bd$。如此，一个简单的测量仪就顺利完成了。测量需要两次运用三角形的相似性质。

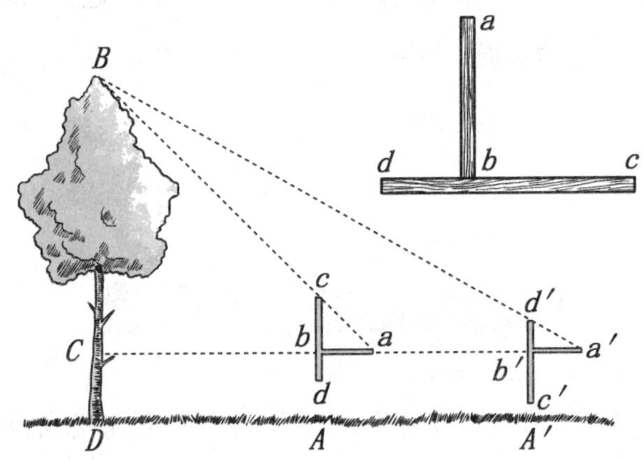

图1–10　利用两根木条制成的最简单的测高仪和它的使用法

第一步，在测量者的前上方放上这个仪器（固定其高度），并使 *cd* 保持竖直。首先确定一个点 *A*，使点 *a*、*c* 及树梢 *B* 保持在同一直线上。

第二步，测量者沿着DA的延长线向后移，并找到点A'，使a'、d'及B在同一直线上。我们使用这种测量方法的关键点是A和A'的选择，因此，BC的高就与AA'的距离相等。原因是什么呢？

$$a'C=2BC$$

$$aC=BC$$

两式相减得：

$$a'C-aC=BC=A'A$$

在得到BC后，加上仪器ab距离地面的高度，就等于大树的高度。

由此可见：在不能接近大树的地方，运用这种测量方法也能测量树高。

事实上，这种仪器的制作方法还可以更简单：无需木条，只要使用一块光滑的木板，并用大头针在上面标识a、b、c、d四个点就可以了。

林业工作者的测高仪

事实上，林业工作者使用的专业测量仪并不是前面所讲的测高仪器。接下来我们就来了解一下专业的测量仪，但我们只讨论一种，并对它做了些许的改动。

我们以图1-11为参照来介绍这种测高仪的构造原理。仪器由一块方形的木板或平面纸板和一个竖直垂线组成。测量人在待测大树前站立，并使点a、点b及点B保持在同一直线上。此时竖直垂线与cd相交于点n，做上记号。现在，我们看看三角形bnc和三角形bBC是否相似？答案毫无疑问是相似的。所以：

$$nc : BC = bc : bC$$

得$BC = bC \times \frac{nc}{bc}$

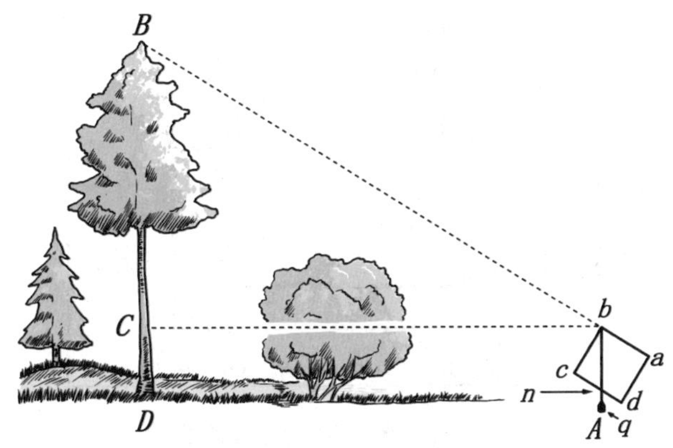

图 1–11 林业工作者所用测高仪的使用方法

其中，可以直接测量的有bC、nc、bc，此时再测量出CD的高度（仪器所在点b到地面的距离），这样，我们就可以知道大树的高度了。

现在我们继续往下想。已知方形木板的边长（假定为10厘米），在边cd上画出厘米的刻度，这样，$\frac{nc}{bc}$就可以直接读出来了。打个比方：假设竖直垂线和cd相交于7厘米的点上，那么$\frac{nc}{bc}$就是0.7，这样就可以很快计算出大树的高度了。

接着往下思考：能否更简单地将点a、b、B置于同一直线上呢？现在，我们在线ab的两侧折出两个竖立的小正方形，分别在两个正方形上穿一个孔。放在眼前的孔比放在后面的孔稍大（图1–12）。

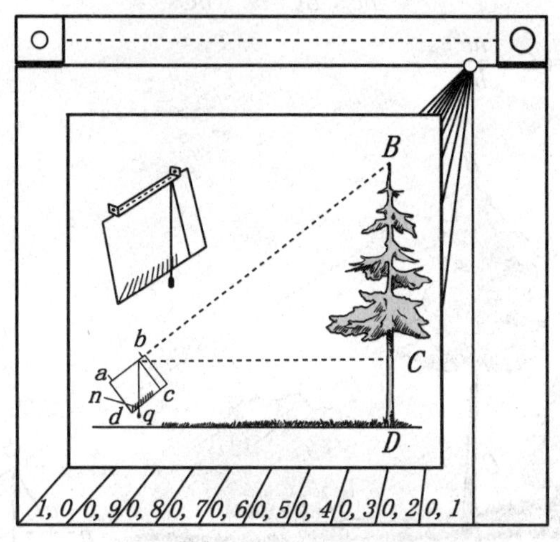

图1–12　林业工作者的测高仪

这种测高仪的性能会更好吗？图1–12和实际的大小相当，制作比较简便，花费时间较短的，也不必拥有在工艺方面的特殊技能。这种测量仪不会占用太多空间，又能够在郊外又快又好地测量出所见的任何物体，如大树、高楼和信号塔等。

【题】我们是否能用这种测量器测出无法接近的大树的高度呢？如果可以，要如何实施测量？

【解】利用上面所讲的办法，分别找出点A、A'（图1–13），并使其满足下列要求：

$$BC=0.9AC\ ;\ BC=0.4A'C$$

我们把两式相减，可得：

$$AA'=\frac{25}{18}BC$$

AA' 是可以直接测量出的，因此就可以计算大树的高度了。

图 1–13　不能接近的大树的高度测量

镜子测高法

【题】下面问大家一个问题：是否可以使用镜子测量出大树的高度？答案是：一定可以。我们把镜子放在大树 AB 前的点 C 上（图 1–14），测量者找到这样一个点 D，使测量人恰好能在镜子里看到树梢点 A，并站在其上。此时，BC 与 CD 的比值即树高 AB 与测量人身高的比值。原因是什么呢？

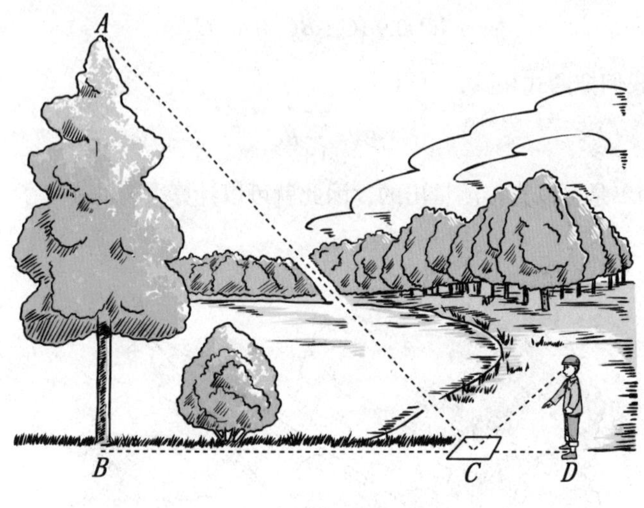

图 1–14 利用镜子测高

【解】我们利用光的反射性质来阐释这种测高法，图1–15。我们可以求得：

$$AB=A'B=\frac{BC}{CD}\times ED$$

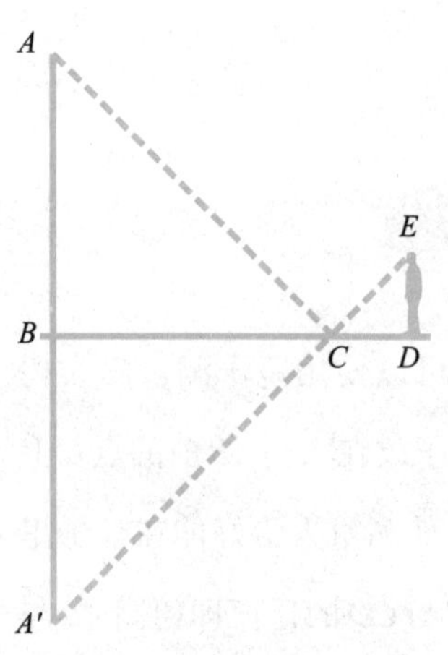

图 1–15 用镜子测高的图解

这种简单易行的办法可以在任何天气里使用。但有一个前提条件：它不适合密林中的树木，只适用于个别单独的树木。

【题】要是无法接近测量的大树，能使用镜子测高法吗？

【解】实际上这是一个很古老的问题。在几百年前，一位名叫安东尼·德·克雷蒙的数学家在他的作品《实用土地测量》中讨论过这个问题。解决这个问题也能够使用上述的测量方法，再根据相似三角形的原理，就可以求出大树的高度了。接下来，我们再分享一个测量大树高度的方法。

两棵松树

【题】两棵松树之间相距40米，我们运用前述的测量办法测量出两棵松树的高度。它们的高分别为31米和6米。请求出两棵松树树梢间的距离。

【解】事实上，我们只需要利用勾股定理就可以求出两棵松树树梢的距离了，见图1–16。$AB=\sqrt{AC^2+BC^2}\approx 47$（米）。

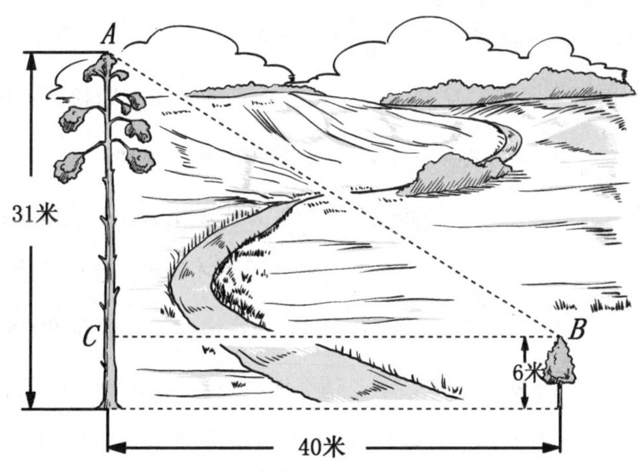

图1–16　测量两个松树树梢间的距离

树干的形状

倘若你漫步于林中，此时你正为自己已经掌握了六七种测量物体高度的方法而窃喜，突然一个问题又在你脑中浮现：如何测量大树的体积呢？只要测量出体积并称出大树的重量，就可以知道运输大树的车的大小了。然而，这两个问题并不像测量树高那样简单，目前为止，专家们尚未找到能精确测量大树体积和重量的办法，但是找到了一种可以无限接近真实数据的办法。因为哪怕在你面前放置一棵已经被伐倒的大树，你也不可能精确地测量出它的体积。

为什么呢？原来是因为：即使是表面十分平整的大树，它也不可能是圆柱、圆台或圆锥的形状，所以它不能像其他几何体那样能按照公式精确计算出它的体积。大树不同于圆柱，因为它上细下粗；它也不同于圆锥，因为它的母线是直线而不是曲线。

如此想来，我们只能运用微积分法来计算出无限接近大树实际体积的值。也许有人会问：测量这么简单的木材也要运用到高等数学吗？或许还有人认为：掌握初等数学的知识就足够让我们解决日常生活中的问题了，高等数学只会在特殊情况下才使用。然而，这些想法都是不正确的。我们可以用初等数学准确地计算出恒星和行星的体积，但是却无法利用初等数学去精确地测量一段木材或一个啤酒桶的体积。所以，我们只能利用高等数学中的解析几何和微积分。

我们可以想象：一棵树的树干体积接近于圆台体积，而它的树稍体积则接近于圆锥体积；如果树干比较短，那么它的体积就接近于圆柱体积。在这种情况下，这棵树的体积就很好计算了。我们能否找到一个公式对这三种情况都适合呢？有了这样的公式，就很容易解决上述问题了。而这个公式，专家们其实已经想出来了。

万能公式

数学上的辛普森公式如下：

$$V=\frac{h}{6}(b_1+4b_2+b_3)$$

式中 h——立体的高度；

b_1——底面的面积；

b_2——中间截面面积；

b_3——上底的面积。

这个公式就是所谓的万能公式，它不但对圆柱、圆锥和圆台适用，对棱柱、棱锥和棱台一样适用，而且还对圆球适用。

【题】试证明万能公式对以下七种几何体都适用：圆柱、圆台、圆锥、棱台、棱柱、棱锥和球体。

【解】只要把各类几何体的相关参数代入到公式中，得到的结果和正常计算体积时一样，证明就成立。

对于圆柱、棱柱［图1–17（a）］：$V=\frac{h}{6}(b_1+4b_2+b_3)=bh_1$

对于圆锥、棱锥［图1–17（b）］：$V=\frac{h}{6}(b_1+4\times\frac{b_1}{4}+0)=\frac{b_1h}{3}$

对于圆台[图1–17(c)]：

$$V=\frac{h}{6}\left[\pi R^2+4\pi\left(\frac{R+r}{2}\right)^2+\pi r^2\right]$$

$$V=\frac{h}{6}\left[\pi R^2+\pi R^2+2\pi Rr+\pi r^2+\pi r^2\right]$$

$$V=\frac{\pi h}{3}(R^2+Rr+r^2)$$

同样的方法也能用于证明棱台。

对于球体[图1–17(d)]：

$$V=R^2+0=4\pi R^3$$

【题】假如万能公式只能用于计算前述的几何体体积，那就不可被称为万能公式了。事实上，只要改变公式中的字母含义，它就可以用于计算平面图形的面积。

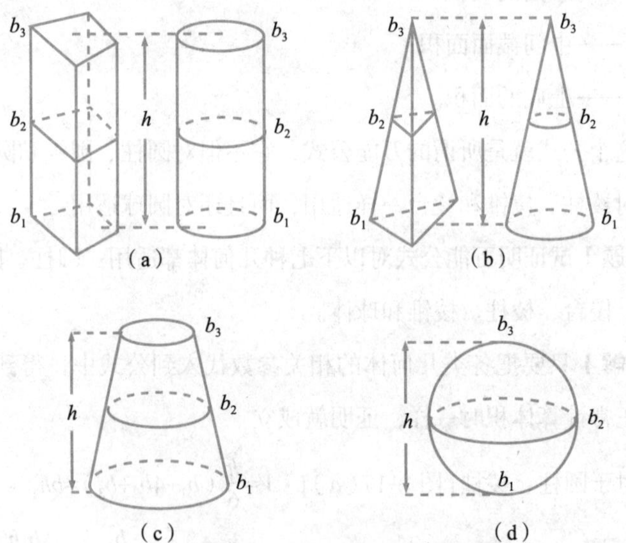

图1–17 万能公式用于计算平面图形的面积

h：高度；b_1：下底底长；b_2：中间线的长度；b_3：上底底长。

要怎样去证明这个说法呢?

【解】一样的道理，只要把参数代入公式就可以得到证明。

对于平行四边形、正方形和矩形[图1–18（a）]：

$S=\frac{h}{6}（b_1+4b_2+b_3）=bh_1$

对于梯形[图1–18（b）]：$S=\frac{h}{6}（b_1+4\times\frac{b_1+b_3}{2}+b_3）=\frac{h}{2}（b_1+b_3）$

对于三角形[图1–18（c）]：$S=\frac{h}{6}（b_1+4\times\frac{b_1}{2}+0）=\frac{b_1h}{2}$

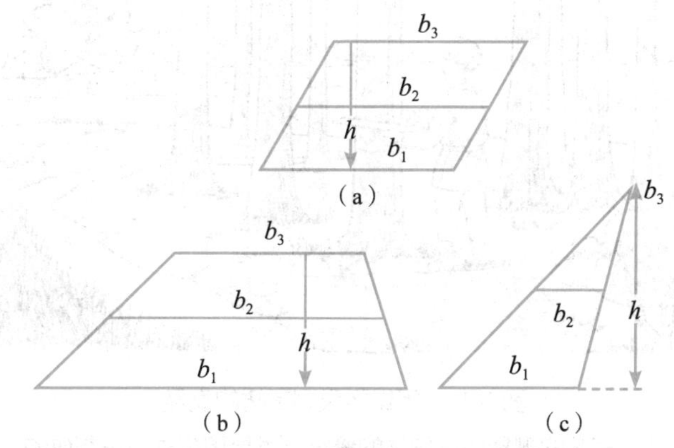

图1–18 万能公式对于求这些图形的面积适用

未伐倒的树木体积和质量计算法

现在我们就可以用万能公式去计算大树的体积，不必管它是圆柱还是圆锥或者圆台了。然而这还是第一步，接着我们还要获得以下数据：大树的上、下底面积，中间的横截面面积以及树高。大树的上、下底面积都比较容易测量。要是没有找到一种特殊的设备（量径尺：一种测量物体直径的仪器），测量中间的横截面面积就有点困难（图1–19、图1–20）。但这个困难也是可以解决的。只要我们测量出物体的周长，它的直径就可以用公式计算出来了。圆的周长公式是：

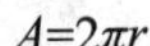

$$A=2\pi r$$

图 1–19　用量径尺测量树的直径

注：著名的测量圆形物体的量径尺就是用这种方法制成的

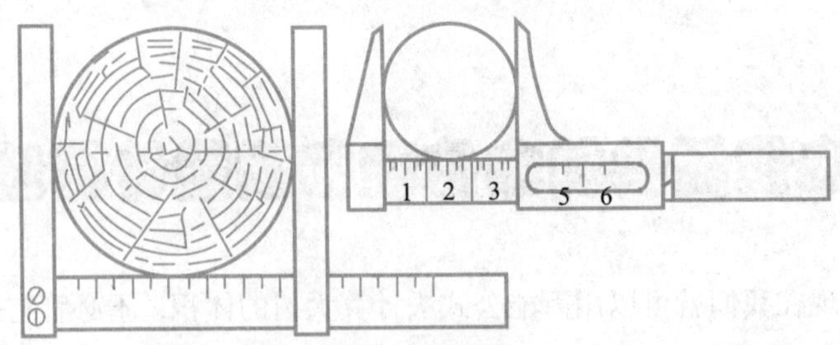

图 1–20　量径尺（左）和微分尺（右）

利用这种方法计算得出的大树体积，其精确度可满足许多实际工作要求。事实上，还有一个更为简单的办法：把大树看作一个圆柱体，大树中间部位的直径相当于圆柱的直径。这是个非常简单的计算方法，但它的精确度并不高，误差率通常维持在12%左右。假如我们把树干分成许多截，每截长2米，然后把每截都看作一个圆柱体，这样的计算就能得出比较接近真实体积的数值，它的误差值在2% ~ 3%之间。

实际上，这个方法也有一个缺点：不能测量没被砍倒的大树。因为我们不可能爬到大树上去测量，而只能测量较为方便的大树底部面积。在实际工作中，我们解决这个问题的办法通常是采用一种近似值的估算，这为林业工作者大量使用。办法是：使用“材积系数表”来计算。这需要把树干当成是圆柱体，先测量出离地1.30米处树干的直径并把它作为圆柱的直径，再把这个直径的值乘以相应的系数，如图1–21所示。对于种类不同、高度不同的树木，其系数也不相一致，但差别很小。在密林中的松树和柏树两个种类的树干，其系数范围是0.45 ~ 0.51，换句话说，其系数值约等于0.5。

因此，我们可以如此计算：把大树看成一个圆柱体，把离地1.3米处的树干直径作为圆柱的直径，大树的高度相当于圆柱的高度，这样计算所得的大树体积为真实体积的两倍。换言之，实际体积等于计算体积的一半。如此计算出的结果并不会有很大的误差，只有2% ~ 10%。还差最后一步我们就能估算出大树的质量了。

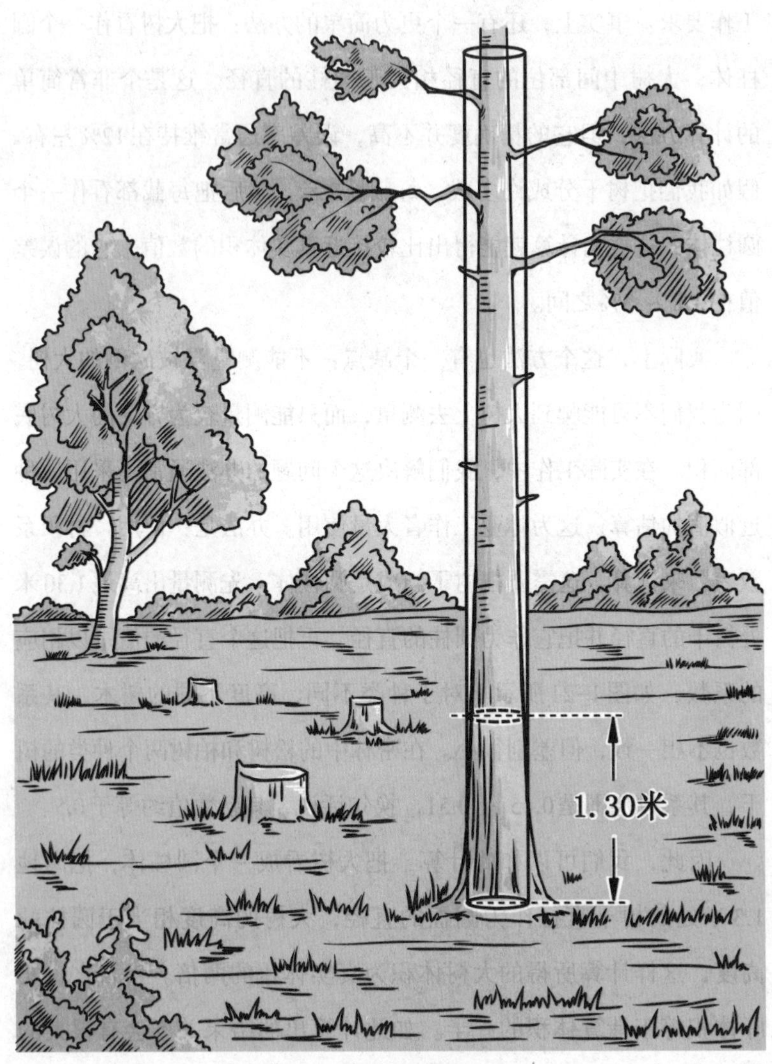

图1-21 大树体积的测算

最后一个数据是密度。一般大树的密度为600 ~ 700千克/立方米。

例如：一棵柏树的高是28米，距离地面1.3米处的周长是120厘米。它的质量约为：

$$M=\rho v=\rho\pi r^2h=\rho\pi(\frac{c}{2\pi})^2h\approx1000\text{（千克）}$$

所以它的质量约为1000千克。

树叶上的几何学

【题】我们经常会在一棵高大的白杨树下发现一棵较小的白杨树。你是否发现一个奇怪的现象：小树的叶子要比大树身上的叶子长得宽大。尤其是比有充足光照的叶子还要大。这是因为，阴影中的小树只有让自己的叶子更加宽大才能得到更加充分的阳光照射。不过这是植物学家所关心的事，关于几何学，我们关心的是：能否计算出大叶子比小叶子大多少倍。

下面，来分析这个问题的思考过程。

【解】实际上我们只要求出每片叶子的面积，然后计算二者的比例就可以得出结果。常用于测量面积的方法是：把一张透明的方格纸铺在树叶上方，因为小方格的面积都一样，所以只要数出树叶上所覆盖的方格数就可以算出其面积（一般略去小于方格的，大于方格的则算为一个）。这个办法虽然较为精确，但免不了烦琐。

我们在观察树叶时可以发现，虽然一棵树上的两片叶子大小不同，但形状却是相似的，用几何学的语言来说就是两片叶子是相似的。因此可以想一个较为简单的办法。通常来说：如果两个图形相似，它们的面积比等于其直线比的平方。所以只要我们计算出两片叶子的长或宽的比值，它们的面积比也就显而易见了。

例如：大树叶子的长是4厘米，小树叶子的长是15厘米，它们长的比值为$\frac{15}{4}$。

根据相似的性质，我们就能计算出它们的面积比是

$$\frac{15^2}{4^2}=\frac{225}{16}\approx 14$$

但是由于在这个过程中出现了较多的估算，因此我们得出的结论是小树的叶子面积约为大树叶子面积的15倍。

再来看看下一个题目。

【题】有两棵叶子大小不同的蒲公英，它们的叶子长度分别为31厘米和3.3厘米。大叶子面积是小叶子面积的多少倍呢？

【解】根据上述原理，两片叶子面积的比例是

$$\frac{31^2}{3.3^2}=\frac{961}{10.9}\approx 90$$

所以大叶子的面积约为小叶子的面积的90倍。

在森林漫步时，我们通常会发现许多大小不一但形状十分相似的树叶，这在几何学中成为相似图形。如果一个不太熟悉几何学的人，他会感到十分惊讶：两片长宽差别不是很大的叶子，面积却相差得很大。

比如有两片形状相似的叶子，其中一片的长是另一片的1.2倍，

但面积竟然是另一片的1.4倍（$1.2^2 \approx 1.4$）。所以两片叶子面积差为40%。假如两片叶子的长相差了40%，如此计算，它们的面积相差2倍（$1.4^2 \approx 2$）。

六条腿的大力士

你们知道吗？蚂蚁确实是一种非常神奇的小生物！因为它所举起的“庞然大物”与它弱小的身躯毫不相称。

如图1–22所示，一只蚂蚁在顺着植物茎向上爬行，它身上居然背着比它身体大几倍的物体。看到这样的情形，我们不禁心生疑问：这只弱小的蚂蚁，它怎么会有力气举起比自己身体重10倍的物体呢？如果拿人相比较，就相当于一个人背着一架大钢琴在梯子上爬。这根本是不可能做到的。如此说来，是不是蚂蚁要比人更强大呢？真的是这样吗？不用几何学来解释这个问题是比较困难的。我们先来了解一下专家关于肌肉和力量的科学解释，然后再来分析人和蚂蚁的对比。

动物的肌肉就仿佛是一个有弹性的韧带，而肌肉并不是因为弹性而收缩，而是出于别的原因，并且在神经刺激下恢复正常。从生理学实验中可知，只要把电流接到相对应的神经或者肌肉上，也可以让肌肉收缩。下面，我们利

图 1–22 六条腿的大力士

用刚死的青蛙身上的肌肉完成这个实验。原因是，在常温下，冷血动物的肌肉就算是在体外也能长时间保持活性。

实验方法并不难，把青蛙弯曲的后退的主肌——腿肚肌——和附在其上的大腿骨、腱子一起取下来。这段肌肉无论是其大小、形状都是十分适宜的，用于实验也十分的便利。把这段大腿骨挂起来，然后在腱子上穿一个钩子，利用这个钩子来悬挂砝码。假如有电流通过肌肉，肌肉就会收缩，同时提起砝码。通过增加砝码的重量，我们就能测算出这段肌肉的最大举重程度。现在，我们逐一把两条、三条、四条一样的肌肉连接起来，然后对其实施电流刺激。我们可以看到如此做并没有增大它的举重力，反而是提高的高度增加了好几倍。如果我们把2条、3条、4条肌肉用并联的方式捆在一起，用电流对其刺激，结果是它的最大举重力随着肌肉的增加而递增。同样，如果这些肌肉生长在一块，它的最大举重力也会是这个结果。因此，是肌肉的粗细（横截面的大小）决定肌肉的举重力大小，而不是肌肉的长度或重量。

现在，再来看看各种形状相似、大小不同的动物的比较。

假设：这里有两只动物，第二只动物的直线尺寸是第一只的两倍，那么按理说，第二只动物的体积重量及其各器官的体积和重量应该是第一只动物的八倍；实际在平面上，第二只动物的各部分，包括其肌肉横截面积，是第一只的四倍。换言之，即使一只动物的身长是原来的两倍，体重是原来的八倍，它的肌肉力量也只是原来的四倍。所以相比较而言，这只动物的体力和体重的增加相比少了一半。同样的，即使一只动物的高度是同类的3倍（面积是其同类的九倍，体重上是其同类的27倍），相对的体力也只有另一只的1/3；同样的，4倍长的动物，它的最大的举重力相对也只有前一只的1/4。

动物的肌肉力量并不与体积和重量同比例增长这个原理，恰恰能解释为什么昆虫（蚂蚁、黄蜂等）能背负大于自身重量三四十倍的重物，而相比较而言，在正常情况下，人类（除运动员和重物搬运工）只能负荷自身体重9/10的重物，而马匹也只能负荷自身体重7/10的重物。

知道上述的原理后，我们必须换一种角度来思考克雷洛夫所讽刺的蚂蚁勇士的功绩。克雷洛夫是这样描述的：

有一只力大无比的蚂蚁，至今为止，都没听说过能有如此大的力气；它甚至可以高高地举起两粒对它而言巨大的麦粒。

名师点评

本章所涉及的几何学主要表现为相似三角形在树木长度测量中的应用。相似三角形指的是形状相同、大小不同的两个三角形，其判定方法通常指：

两角对应相等的两个三角形相似，如果有两组对应的角相等，则三角形相似。

对应到本章的测量大树高度的模型，其特别之处在于，大树和人为提供的标杆都是竖直放置（比如图1-6、图1-7的直杆），可以看作是两条平行线，形成的两个三角形的对应夹角自然是相等的。几何模型可以抽象为下图。图中，$AB//DE$，易得三角形ACE ~ 三角形HEF。

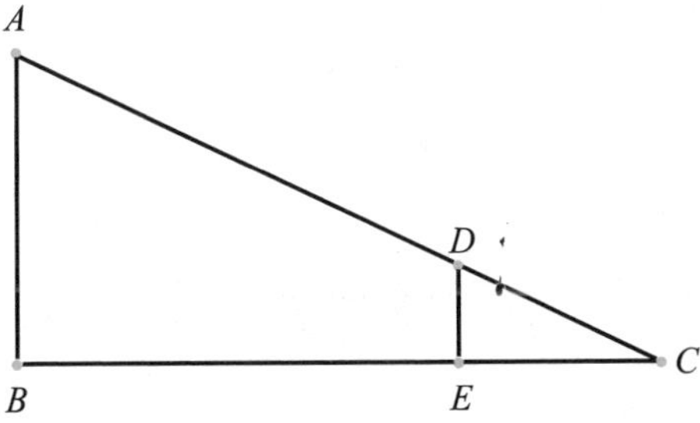

进一步地，根据相似三角形的性质（相似三角形的对应边成比例），不难得出$\frac{AB}{DE}=\frac{BC}{CE}$。所以，要想求出$AB$的长度，只需获取

DE、BC、CE的长度即可，此时，$AB=\frac{BC \cdot DE}{CE}$。本章提供的几种方法，则是分别通过不同的实物模型给出了三个量的大小。特别要说明的是，图1-5和图1-6运用了特殊角的三角形模型（等腰直角三角形），使得运算更为简单，但其根本原理依然是相似三角形的性质。

除了上述提到的"*A*字形"相似模型之外，图1-11借助同角的余角相等的原理，图1-14中利用镜面反射的原理，分别构造了两个相似三角形。具体几何模型如下图，具体判定方法不再赘述。

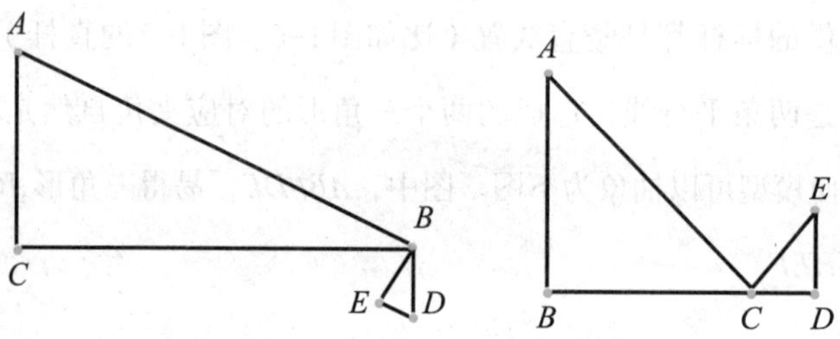

第二章 河畔的几何学

流淌的河水向我们讲述着关于几何学的故事。它告诉我们，河流宽度和流水速度的测量方法，实际上相当简单。

河流宽度测量法

对于一个懂得几何学知识的人来说，无须渡河就可以将一条河的宽度测量出来，就如同不用爬树就可以测量出大树的高度一样轻松。他所使用的方法与不靠近大树就能测量它的高度是一样的。二者利用的就是相似三角形的原理，从而从已知的距离测算出未知的距离。

测量河流宽度的方法相当多，以下就是几种较为简便的方法。

第一种方法：三针仪测量（图2–1）。通俗地说，就是用三个大头针在一块平滑的木板上标出一个等腰直角三角形。比如，我们所处的位置在河边的B点上就可以测量出河流的宽度AB（图2–2）。如此一来，我们就需要在岸边找到一个点C，并将三针仪置于眼前，从而令a点、b点恰好将A点和B点挡住。换言之，即a点、b点、A点和B点位于同一直线上。让三针仪保持平衡不动，在bc的延长线上找到E点（图2–3），这一点要使C点恰好被大头针b遮住，而A点恰好被大头针a点遮住。我们可以清楚地看到，$AC=CE$。接下来，你可以测量出CE的距离和BC的距离，然后用CE的距离减去BC的距离，得到的就是河流AB的宽度了。

不过，一个前提条件是必须的：三针仪一定要一动不动，这是相当麻烦的一件事。因此，你最好将一个木杆一端削尖，然后将其安装在三针仪的底部，如此一来就可以轻松地将其竖直地插入地面了。

图 2-1　用三针仪测量河宽

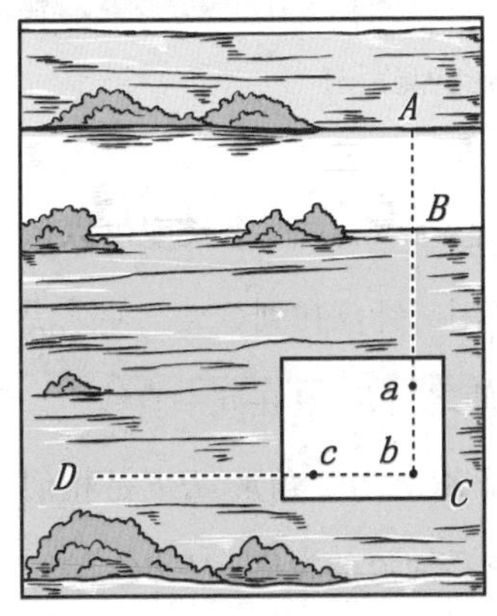

图 2-2　三针仪的第一个位置

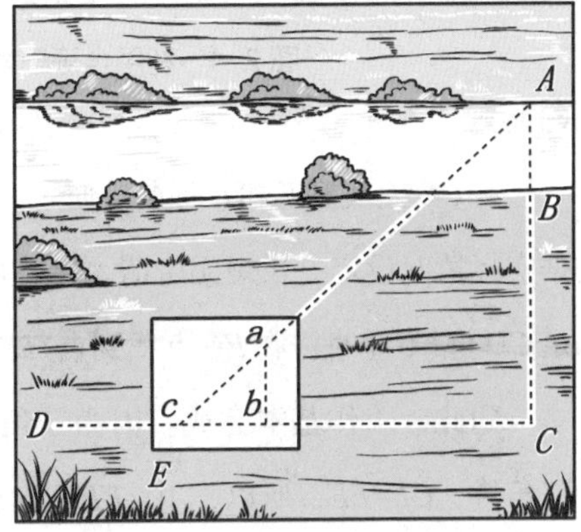

图 2-3　三针仪的第二个位置

第二种方法：找点法。这种方法与第一种方法相似。第一步就是找到*AB*延长线上的一点*C*，然后借助于三针仪找到一点*D*，以确保*AC*和*CD*垂直，以下做法与第一种做法略有出入（图2–4）。

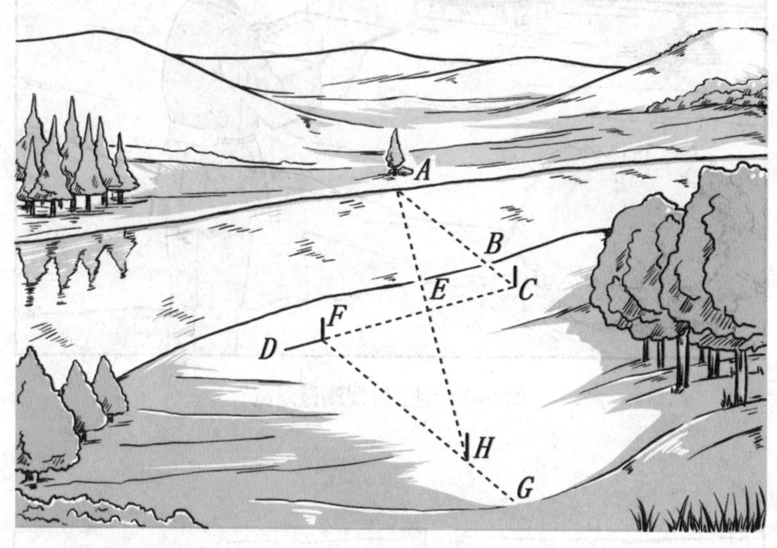

图 2–4 利用全等三角形的测距法

在*CD*上找到*E*和*F*两点，使之满足*CE*=*EF*，这个长度可以依据实际情况设定，长短无所谓。接着再用三针仪找到*G*点，使之满足*CD*与*FG*垂直。在*FG*上找到点*H*，使之与*E*、*A*在同一直线上。

到此，工作基本完成。因为三角形*ACE*与三角形*HEF*是相似三角形，*CE*=*EF*，所以，*AC*=*FH*。这就是河流的宽度*FH*–*BC*。

以上两种方法相比，后者的适用性更强。倘若地形允许，此两种方法都可以运用，那么我们不妨都试一试，以便做到二者可以相互验证。

第三种方法是第二种方法的变形。即在 CD 上找到点 E，条件是 CE 的长度是 EF 长度的整数倍。如图2-5，CE 等于 EF 的4倍。后面的做法就和第二种方法相同了。最后，三角形 ACE 和三角形 EFH 是相似三角形，$CE=4EF$，所以 $AC=4FH$。这样一来，只需测量出 BC 和 FH 的距离，河流 AB 的宽度就知道了。

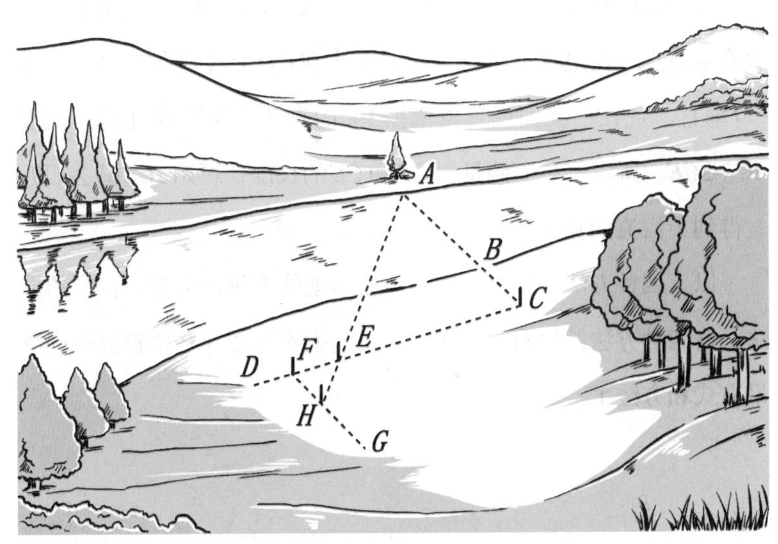

图 2-5　利用相似三角形的测距法

现在综合分析一下，第三种方法比第二种方法的应用范围更广，当然也更方便。第四种方法的依据是30°的直角三角形的性质。在这个直角三角形中，一个锐角恰好是30°，那么它对应的直角边就是斜边的一半。要想证明这个定理相当轻松。倘若直角三角形的一个锐角B是30°，如图2–6（a）所示，请证明AC为AB的长度的一半。我们用BC做轴，让三角形ABC旋转到它的轴对称的位置，如图2–6（b）所示。于是构成三角形ABD，那么三角形ABD一定是等边三角形，所以AB=ACD，因为AD=2AC，那么AB=2AC。

下面我们利用这个性质来测量，那就一定要用一个特别些的三针仪，也就是这三枚大头针构成的三角形，其中的一个锐角要是30°。将三针仪放在C点（图2–7），使AC和ac在同一直线上。然后确定D点，使之在cb方向上。接下来在CD上找到点E，使AE与CD垂直。现在，我们就可以依据30°的直角三角形的性质，发现AC =2CE。所以，只需测量出CB和CE的长度，再用2CE减去CB，就得到了河流的宽度。

以上四种方法，就是可以无须渡河就能测量出河流的宽度的方法。这四种方法简便易行。在此，我们就不介绍那些比较复杂的测量方式和方法了。

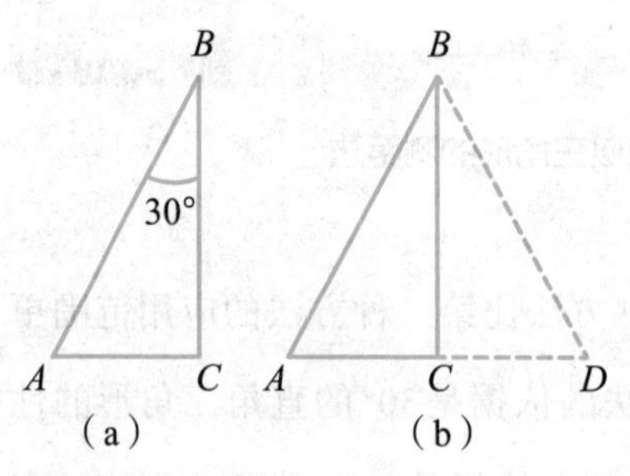

图2–6　当直角边等于斜角边一半的时候

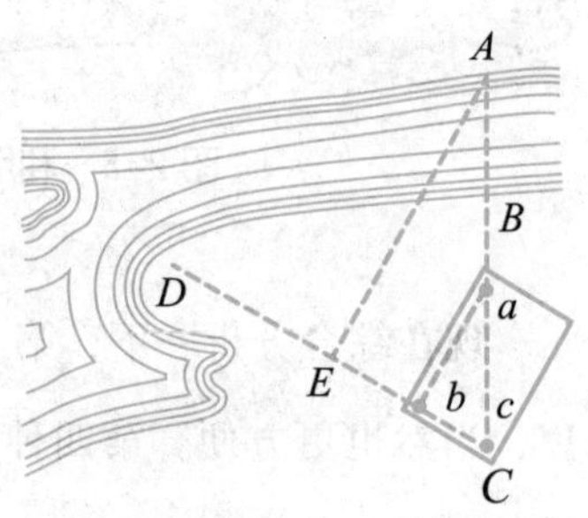

图2–7　应用有30°角的直角三角形的测距法

帽檐测距法

可别小看帽檐测量法，在战斗中，它的作用很大，可以帮助一支队伍解决大困难。下面就是这样的一个事例。

为了让大部队顺利渡河前行，某班奉命测量大部队前进路上一条河流的宽度。在班长的带领下，全班人员到了河边，找到一处灌木隐蔽起来。然后，班长带领一名战士向河边爬去。在那里，他们可以看到敌军的一举一动。此时，班长用目测，认为河水的宽度在100 ~ 110米。为了确保万无一失，班长决定用帽檐测距法来检验自己的目测结果。

他采用的方法如下：测量人员采取面向对岸的方式站立，将帽子如图2-8所示戴好，此时恰好让眼睛、帽檐和对面河岸保持在一条直线上。倘若没戴军帽，不用担心，也可以用自己的手掌或笔记本代替。不过，代替品一定要紧贴额前。保持头部的位置不变，测量人员转身，方向可以向左或向右，任意选择。切记，转身的时候一定要保持全身转向，此时再去找到帽檐望去的最远地点。

这个时候，河流的宽度就是测量人员所在的位置到上述位置的距离。

事例中的那位班长采用的就是这个办法。他快速从草丛中站起来，用自己的帽檐找到恰当的位置后，又迅速地转身找到了最远点。随后，他让另一个战士爬到最远的地点，用绳子将这段距离的长度量了出来。

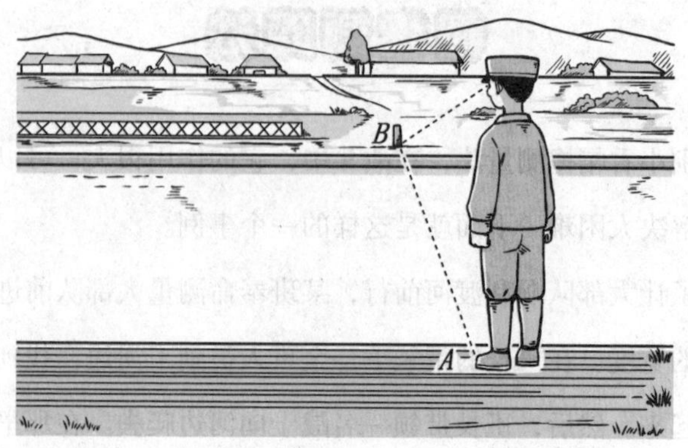

图 2-8 要从帽檐底下望见对岸的一点

这样一来，这位聪明的班长率领着自己的战士胜利完成了任务。

【题】请你从几何学的角度，对这个方法加以解释。

【解】当测量人员从帽檐望去时，他的视线是落到了对岸的某一点，如图2-9；当测量人转身时，他的视线就如同圆规一样在平面上圆了一个圆弧。此时，*AC*和*AB*都是这个圆的半径。所以，*AB*=*AC*。

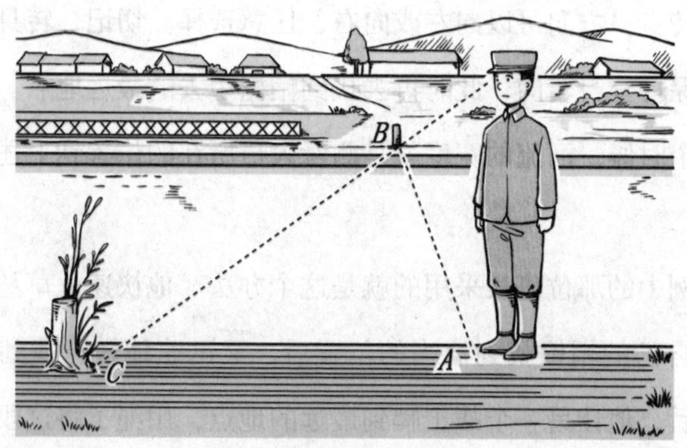

图 2-9 用这种方法在自己一边的岸上找出一点来

岛屿的长度

【题】下面这个问题比较复杂。一个小岛位于湖对面，你此时站在湖边，如图2–10所示。你不想离开岸边，又想知道这个小岛的长度。你觉得自己可以做到吗？尽管要测量的物体两端都不可接近，不过我们可以将这个难题解决掉。这就如同测量不可接近的大树的高度一样，无须使用复杂的仪器。

图2–10　怎样测知小岛的长度

【解】假设我们此时就在岸边，如图2–11，想将小岛的长度AB测量出来。我们可以选择岸边的任意两点，设定为P点和O点，并在这两个点用短木桩做好标志。接着在直线PQ上找到点M和点N，使AM和PQ垂直，BN与PQ垂直。记住，要做到垂直，需要借助于三针仪。然后将*MN*的中点*O*用短木桩做好标志。接下来，我们找到*C*点，它是*AM*和*BO*的交叉点。站在*C*点分别向*A*点和*B*点望去，视线分别被*M*点和*O*点完全遮挡。利用同样的道理找到点*D*。这样一来，小岛的长度就得到了，它就是*CD*的长度。

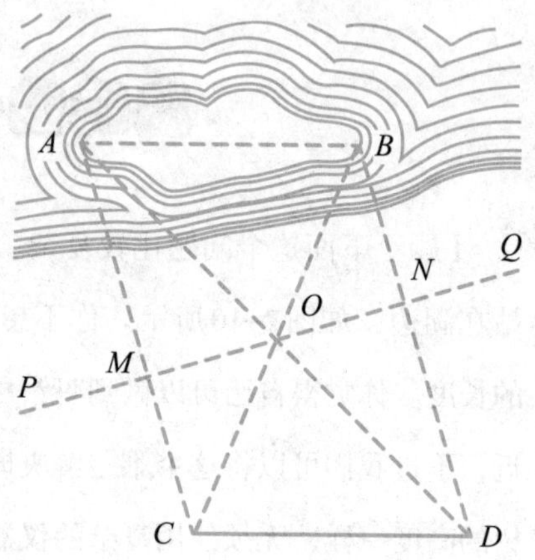

图 2–11　利用全等直角三角形的测距法

想要证明这个结果相当轻松。我们可以看三角形*AMO*和三角形*DNO*，它们是两个全等三角形。因此，*AO*=*DO*，同理，*BO*=*CO*。这样，三角形*AOB*和三角形*DOC*也是全等三角形，故*AB*=*CD*。

对岸的行人

【题】当你站在岸上时，能够清晰地看到对岸的行人沿着河岸行走的步伐。不过，此时你没有任何可用的工具，但却想测量出你们二人之间的距离。那么你应该怎样做呢？

【解】尽管你没有任何仪器，但你拥有双眼和双手。这就足够了。你可以将拇指紧闭竖起，伸直手臂指向对岸的行人。倘若行人的方向在你的右侧，请闭上左眼，仅用一只右眼；倘若行人在你的左侧行走，请闭上右眼，仅用左眼。顺着你的手指尖望去，当行人快要被你的大拇指遮住时，立刻闭上正观看的那只眼，睁开另一只眼，此时，就如同行人倒退了一段距离一样。你要注意记录行人行走的步数。等到行人第二次被大拇指遮挡时，你就可以将自己与行人之间的距离计算出来了。

现在，我们来就如何运用数据加以说明（图2–12）。倘若你的双眼是a和b，M是你竖直大拇指的顶端，而行人第一次的位置是A，第二次的位置是B。这时，三角形abM和三角形ABM就是全等的。原因是$BM:bM=AB:ab$。因此，要想得到BM的值，我们只要知道bM、AB和ab的值就可以了。事实上，bM是伸出的手臂的长度，ab是两个瞳孔之间的距离；AB是你数出的行人的步数和步伐的乘积。行人平均每步的距离是0.75米。因此，你与对岸的行人之间的距离就是：$BM=AB\dfrac{bM}{ab}$。倘若眼睛到伸出手臂拇指的距离bM为60厘米，双眼瞳孔间的距离是$ab=6$厘米，行人从A点到B点共走了14步，那么可得：

$$BM=AB\frac{bM}{ab}=14\times\frac{60}{6}=140(\text{步})=105(\text{米})$$

当然，提前将双眼瞳孔间的距离和眼睛到伸出的大拇指顶端的距离量好，那是最好的。此二者之间的比例是bM/ab。这样一来，我们就随时可以将我们不能与之接触的物体之间的距离计算出来。到时候，我们只需将AB乘以bM/ab，结果就出来了。一般情况下，多数人的bM/ab约等于10。

图 2-12 同其他河对岸行人的距离测量法

此种方法的唯一困难之处，就在于测量AB的距离。就上面我们所举的例子而言，那是行人行走的步数。在别的情况下，我们也可以运用别的方法。

倘若你要测量你与客车之间的距离，那么不妨将自己与车厢的长度进行比较。原因是车厢的长度约为7.6米。倘若你要测量自己与一所房子的距离，那么不妨从窗子的宽度或砖块的长度来获得AB的数值。

总之，上面的方法，倘若在测量者和被测量对象间的距离已知的情况下，也可以用于测量物体的大小。不过，做这种测量，也可以用一种"测远仪"来测量。

最简单的测远仪

我们了解了测高仪这种用于测量不可接近的物体的高度的最简单的仪器。接下来，我们来了解一种可以用于测量远近的测远仪。这种最简单的测远仪，可以用一根火柴制成。将一根火柴标出刻度，然后将其涂成黑白相间的颜色，如图2–13所示，为的是引人注意。

图2–13　火柴测远仪

在用这个测远仪的时候，要具有一个条件，那就是被测物体的大小是已知的，如图2–14。实际上，这正是大多数构造相对来说比较完善的测远仪的使用前提。倘若一个人正位于你的前方，而你想将你们二人之间的距离测量出来，那么火柴测远仪就可帮到你。

将火柴竖直地握在手中，将手臂自然伸直，将一只眼闭上，用另一只眼看行人，此时要注意让火柴顶端与行人头顶保持在同一视线上。然后让大拇指沿着火柴向下移动，直到正好能将行人脑底的位置遮住。我们将拇指停在火柴上的读数读出来，此时的距离就可以相当容易地计算出来了。

图 2–14　使用火柴测远仪测量远处物体的距离

依据三角形的原理，我们可以相当轻松地证明下面的等式是成立的。

$$\frac{\text{待测定的距离}}{\text{眼到火柴的距离}}=\frac{\text{行人的高度}}{\text{火柴棍量出的读数}}$$

借助于这个不等式，我们可以轻松地求出待测两点之间的距离。比如，火柴到眼睛的距离是60厘米，行人的高度是170厘米，火柴上的读数是12毫米，那么测量的距离就是：

$$60\times\frac{170}{1.2}=8500(\text{厘米})=85(\text{米})$$

为了让我们在使用这个测远仪时动作更加熟练，你可以请一位朋友帮忙，将这位朋友的身高量出来，然后让他离开你一段距离，再利用火柴将你们二人之间的距离测量出来。

用此方法，你还可以将下面的距离测量出来：骑在马背上的人高度约为2.2米；骑自行车的人车轮直径约为75厘米；道路两边的电线杆高度约为8米，相邻绝缘体间的垂直距离是90厘米。

火车、房子等极易估出大小尺寸的物体与你之间的距离。当然，你也可以旅行的时候找到使用测远仪的很多机会。

对于擅长手工制作的人来说，一款精确和完善的测远仪是很容易制作出来的。它的具体构造和尺寸如图2-15和图2-16所示。等测的物体正好将图中的空隙*A*充满，这个空隙的大小可以用调节中间的*T*形板来控制。空隙*A*的长短可以从两侧的*C*和*D*读出来。我们可以预先在*C*板上直接写好要测量的物体的高度，例如我们要测量的对象是行人，那么眼睛和仪器之间的距离就可以提前测量出来。如此就可以避免测量的时候还要去计算结果，省事不少。同样，也可以将骑马者的距离提前在*D*板上刻下来，上面我们说了，骑马者的高度是2.2米。对于高为8米的电线杆和翼展为15米

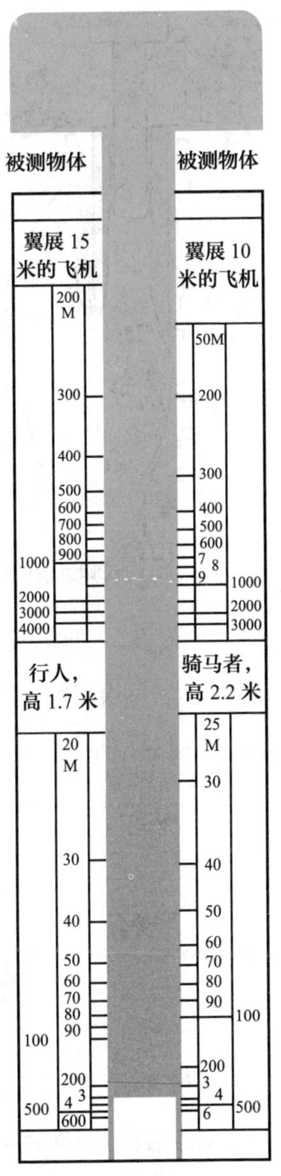

图 2-15　推动式测远仪使用法

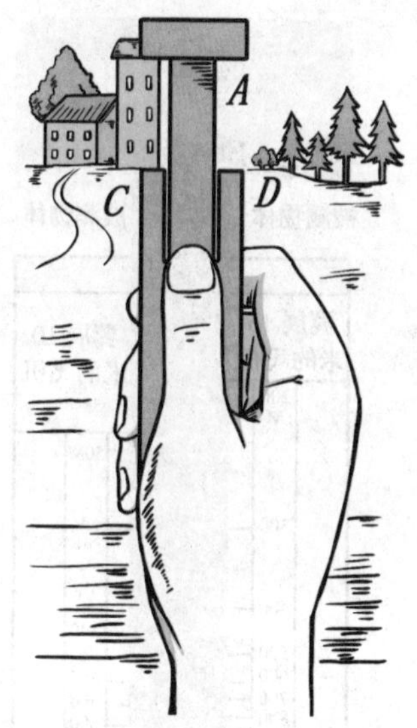

图 2-16 推动式测远仪的构造

的飞机，同样也可以事先将距离刻在D板和C板上，此时的测远仪就形同图2-16所示。

因为用测远仪测量出来的距离并不是特别准确，因此这个结果也可以是估计的，而不是称之为测量。在上面的例子中，我们最后测得的二人之间的距离是85米。

倘若当时火柴上的读数存在1毫米的误差，那么放到实际生活中就是7米的误差。

再假定二人的距离比刚才远4倍，那么火柴上读数的误差就为3毫米，实际误差则会达到57米。所在，只有在二人之间的距离比较近的时候，即100 ~ 200米时，这种仪器测量出的结果才是比较准确的。倘若要测量更远的距离，就一定要选择大的待测对象。

河流的能量

一般来说，长度不到10万米的河流，我们均称之为小河。在俄罗斯，被称为小河的河流差不多有4.3万条。

小河若能够沿着一条河道流淌，它可能会成为绵延130万千米的巨大的河流。

它的长度可能是地球赤道长度的30倍。

然而，这些看似平常的默默地流淌着的小河却蕴藏着无穷的能量。为了解决附近农村的电气化，加强对这些免费能源的利用成为我们必须要去做的事情。

大家都知道，水从高往低流的过程中经过发电机就能发电。如果想贡献自己的一份力量，我们可以考虑为建设水电站的准备工作做点儿什么。

然而，首先我们必须了解河流的具体情况，有根据地决定是否建设水电站。这些具体的情况包括水流速度、河流宽度、河床截面积和两岸的最高水位等。这些数据的测量不需要过于深奥的几何知识，只需要使用一些简单的仪器就可以解决了。

接下来，我们就主要介绍如何测量这些数据。

首先，需要告诉大家一些专家们在实际工作中总结出来的实际经验——如何选择拦河坝的位置。

比如，在距离村庄5千米以内的地方建设的水电站一般是15 ~ 20千瓦，而距离河源10 ~ 15千米以上、20 ~ 40千米以下的地方是选择拦河坝最佳的位置。这样既不会因为距离太近造成无水或者水面过低无法保证正常用电的情况，也不会因为太远而增加建设拦河坝的费用。另外，河底太深的位置不适合修建拦河坝，因为构筑较重的基础设施会增加建设费用。

河水的流速

一条带状的小河在村庄和高耸的小白桦之间流淌着。

这是阿·费特诗中的句子。那么，一条小河流淌一昼夜究竟可以流淌多少容量的河水呢？

要得到这个结果，我们就要提前知道河水的流速。如此一来，总流量就能相当轻松地计算出来了。这就需要两个人来完成测量工作。我们设定这二人为甲、乙。那么甲负责拿秒表计时，乙负责拿浮标。假设浮标是一个插有一面旗子的空瓶子。首先选择一段平直的河面，选定岸上相隔10米的距离，在这段距离的两端分别打下A和B短木桩作为标志，如图2–17所示。然后找出C点和D点，让AC与AB垂直，BD和AB垂直。甲站在D后，乙走到A点上游，将浮标投到河流中间，接着快速回到C点后面。二人分别沿着CA和DB望去。当浮标经过直线CA时，乙马上向甲挥手示意。看到乙的动作后，甲马上开始计时。当浮标经过直线DB时，计时结束。

设计时的时间是20秒，那么河流的流速就是：

$$\frac{10}{20}=0.5（米/秒）$$

这种测量方法大概要重复数十次，每次选择的浮标投掷位置都不同，这样测出10个数据，然后算出它们的平均值，就可得到这个河流的平均流速了，而且，这样可以得到更为精准的结果。

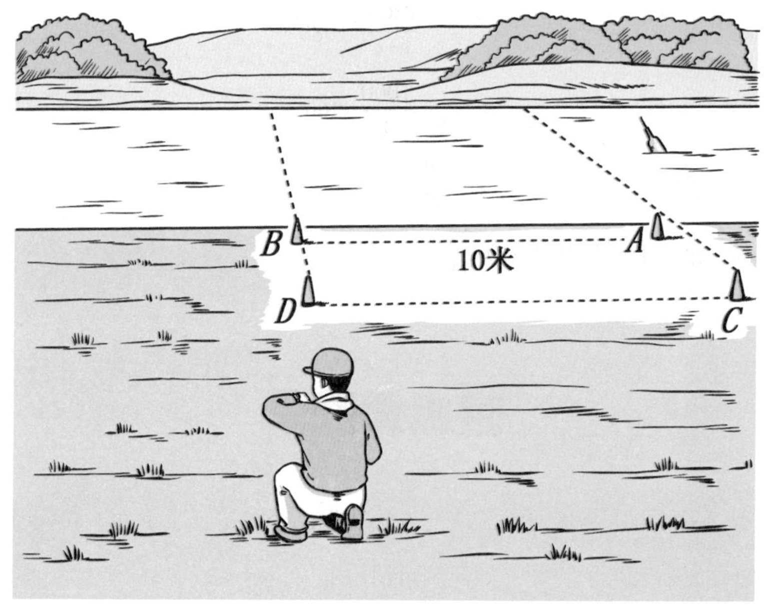

图 2-17　河水流速的测量

因为河流表面流速较快于河流整体流速，河水的平均流速约是表面流速的4/5，因此上面的答案应该是河水平均流速0.4米/秒。

其实，还有另外一种方法可以测量河流的表面流速，但是这个方法比上面介绍的方法误差更大。

该方法是：用一条小船先逆流划行一段距离（比如1000米）再顺流划行1000米。注意，整个过程最好用一样的力度划行。

若划行1000米，逆流使用了20分钟，顺流使用了8分钟，那么我们就能计算出水流速度。

设水流速度为x，静水中小船的划行速度为y，那么：

$$\frac{1000}{y-x}=1080$$

$$\frac{1000}{y+x}=360$$

根据以上方程，解得$x=\frac{25}{27}$米/秒。

即，水流的流速约为$\frac{25}{27}$米/秒。

河水的流量

两种可以测量河水流速的方法我们已经知道了。下面，我们开始要面临第二个问题：如何测量河水的流量。

想要测量河水的流量，除了要知道河水的流速外，还要知道河流的横截面的面积。截面面积的测量首先要画出截面的图形，具体步骤如下：

（1）在你想要测量的河流两岸（贴在水边）的两个点上钉上短木桩。之后乘船从一个短木桩划向另一个短木桩，不过，小船的航线一定要在两个短木桩的直线上。为此我们需要找一位熟练的划船手，因为如果水流过急，不熟练的水手做到这一点很难。另外，我们还需要一位合作者在岸边协助，帮助我们及时修正航线。在第一次过河时，我们只要记下划桨次数，计算要划几次桨才能划出5米或10米。之后再划一次，利用已经做好了刻度标记的竹竿，每隔5米或10米测量一下河流的深度，记下数据。

（2）如果小河又窄又浅，那么，我们连小船都不需要了。

在两岸的短木桩上固定一条每隔1米做一个绳结记号的绳子，然后在每个绳结处利用做好刻度的竹竿测量水深。

全部测量结束后，在方格纸上将截面绘制出来。接着，一张类似于图2-18的图就展现在我们面前了。把这个截面当作很多的梯形和三角形，由于各个参数都已经确定，所以图形的面积我们不难计算出来。若图的比例是1∶100，则计算出的面积就是实际的面积（单位：平方厘米）数不变，单位变为平方米就可以了。

水流的速度和河流截面积计算出来之后，流量自然也就能算出来了。流量等于河流流量与截面积的乘积。

图2-18　河流的截图

倘若河流的平均流速为0.4米/秒，河流的横截面积为3.5平方米，则这个截面每秒钟流过的水量就是：

$$3.5\times0.4=1.4\text{（立方米）}$$

即1.4吨水。

那么每小时的流量即为：$1.4\times3600=5040$（立方米）

所以，一日一夜的流量为：$5040\times24=120960$（立方米）

差不多是12万立方米。这只不过是一个截面积为3.5平方米的小河的流量。这条小河也许只不过有3.5米宽、1米深，一个人可以轻松地跨过去。不过，它所蕴含的能量却是无法想象的。想想看，就流量来说，涅瓦河是3300立方米/秒，那么它在一日一夜之间的流量是多少呢？位于基辅的第聂伯河的平均流量是700立方米/秒，那么，它在一天一夜之间的流量又是多少呢？

对于未来的年轻的水电工作者而言，有一件事是相当重要的，那就是将河流两岸可以允许多高的水位计算出来。换言之，就是设计出的拦河坝最终可以将多大的水位落差制造出来，如图2-19所示。

此工作的方法如下：先要在距离岸两边5 ~ 10米之处分别用短木桩做好标志，这个标志要确保两个短木桩的连线垂直于水流方向。接着人就沿着标志线走，在岸边坡度比较大的地方将一些小短木桩钉下去，如图2-20所示。同时用标尺量出这些小短木桩的高度差。然后，我们再在方格纸上将测量的结果绘制出来。如此一来，就可以算出河岸的截面积了。

图 2-19　小型水电站

图 2-20　岸边地形的测量

最后，依据实际截面的情况，我们就能得知河岸所允许的水位的高低数值了。倘若拦河坝可以制造出2.5米高的水位，那么我们就可以将所建设的电站能发出的电量计算出来了。

我们从专家处得知：若想求得电站所产生的电量，只需将河水每秒钟的消耗量1.4千瓦与水面的高度2.5米相乘，然后再乘以一个转化系数6。当然，电机不同，系数也不一样。这样，就能得出电站的发电量：

$$1.4\times2.5\times6=21（千瓦）$$

在不同的季节，河流水面的高度、水的消耗量都是不同的。因此，这些参数应该是河流大多数时间所具有的发电量平均数值。

水中涡轮

【题】一个地方位于距离河底不远处，这里有一只有桨叶的涡轮，它可以自由旋转。此时，它正以自右向左的方向旋转着。那么请问，水涡轮的转向（图2–21）是怎样的?

【解】涡轮的转向是逆时针的。理由是上层的水流流速比底部的水流速度大，因此，涡轮上桨叶受到的压力要大些。这就是水涡轮按逆时针旋转的原因。

图 2-21　涡轮要向什么方向旋转

五彩虹膜

我们经常看到，在阳光的照射下浮在水上的油呈现出很美丽的色彩。油之所以能浮在水面上形成一层水膜，是因为油的密度比水小。可是，油膜的厚度你能测量出来吗？

这个题目看似很难，其实还是很简单的。你一定能猜到，我们不会使用那些根本不可能测出结果的方法：直接测量油膜的厚度。我们可以用更加简单的方法间接地测量油膜的厚度。

方法：在一个水面较大的池中倒入一定量的油品，尽可能离池边远的地方倒入。因为油量是已知的，且截面积又能计算出来，所以油膜的厚度也就不难算出来了。下面有一个例子。

在水面上滴上质量为1克的煤油，形成的油膜直径约是30厘米，那么油膜的厚度是多少？已知煤油的密度是0.8克/立方厘米。

我们要先求出滴入水面的油膜的体积，其体积为$\frac{1}{0.8}$=1.25（立方厘米），也就是1250立方毫米。油面的面积约为$3.14\times1502\approx70000$（平方毫米）。接下来，用体积除以面积就可以求出油膜的厚度：$\frac{1250}{70000}\approx0.018$（毫米）。

这个油膜的厚度不足1毫米的1/50。使用普通工具自然是测不出这样的厚度的。

事实上，油类比肥皂泡的薄膜甚至更薄些，甚至不到0.0001毫米。英国著名的物理学家波伊斯在《肥皂泡》一书中写道：

> 我曾经在水池里做了一个实验：在水面上倒了一小勺橄榄油，结果在水面上形成了一个巨大的直径大约20～30米的油膜。由于油膜的面积大出小勺面积千倍，因此水面上油膜的面积应该是小勺油层厚度的百万分之一，也就是约0.000002毫米。

水面上的圆圈

【题】如图2–22所示，倘若将一块石块投入平静的水面，那么水面就会出现一层一层的波纹。我们经常会看到这样的情形。因为太过平常，所以我从来不觉得解释这种现象有什么困难。当石块被投入水中后，其激起的波浪就会按同样的速度向四周散开，并且同时，波浪的各点距离波浪发生的点是一样的。换句话说，它们都是在同一个圆圈上。

图 2-22　水面上的圆形波纹

此种现象倘若发生在静水中，我们可以轻松理解。若在流动的水中，结果又会是怎样的呢？在快速流动的河水中，当石块投入河中，激起的波浪在向四周扩展的时候，这些波浪究竟是圆形还是其他形状呢？

略微思考一下，这个波浪在流水中必定不是圆形的，一定是沿着水流的方向延伸着，相反，在逆流方向就要被压缩一点儿。换句话说，水面上的波浪各点必定会成为一个封闭的曲线，不过这个圆形形成的不是一个正圆。

可是事实并不是我们所想的那样。当你将石块投入水流很大的河中时，你所看到的波纹依然是一个圆形，而且从严格意义上说是一个圆形的波纹，其形状和静止的水面上的波纹是一样的。究竟是为什么呢？

【解】倘若河水是静止不动的，波纹一定是圆形的。这个我们都比较容易理解。那么当水流速度改变时，波纹会随之改变吗？如图2–23所示，圆形波纹上的各点因为水流的作用会向着箭头所示的方向移动，且各个点移动的速度是一样的，即它们的移动距离是一样的。那么，位于圆周上的各点在同时向同一方向平移相同的距离，图形保持不变。经过平移后，点1移到了点1′，点2移动到了点2′……于是四边形1234就成了当下的四边形1′2′3′4′，且新旧两个四边形完全一样。那么位于圆周上的其他各点的原因也是相同的，结果也必定是相同的。因此，整个圆的形状不会发生变化，只是位置发生了变化。

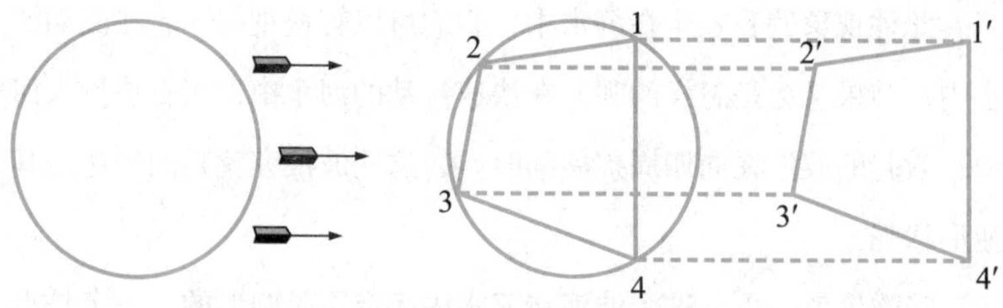

图2–23　流动的水流并不会改变波纹的形状

现在我们清楚了波纹的形状不会因水流而发生变化——仍旧保持圆形。不过，不同之处在于，静止的水面，波纹不会移动，纵然将投石点向外扩散也是一样。但是，在河中，波纹则要随着水流的速度向下流。

关于榴霰弹爆炸后的设想

【题】这道题表面上看似乎和这一章的内容没有什么必然的联系，但是和这一章的题材有很紧密的关联。

若一枚榴霰弹翱翔在天空中，爆炸于降落的途中，且在飞行的过程中忽略空气的阻力。那么，在爆炸发生后，到达地面前，这些散落的弹片位置应该是怎样的?

【解】这个题目和之前所讲的流动水面的波纹很相似。因为向上飞出的应该比向下飞出的弹片速度更慢，所以你会认为这些弹片会形成一个向下的环形状。但是，我告诉你，其实这些弹片应该在一个球面上分布着。爆炸的瞬间地球重力突然消失，弹片应该是分布在一个球面上。有重力的情况下所有的弹片应该往下降落，且在相同的时间内下落的距离相同，下降方向也是相同的，这样球体的形状是不会改变的，因为它们有着相同的重力加速度。所以这些散落的弹片在这一秒内，会降落相同的距离，且每个弹片的降落方向已知，所以，整个球体形状不变，且在下落过程中球体半径不断变大，直到落地为止。

船头的波峰

如图2–24，你站在桥头，看着一艘轮船疾驰而过，你会发现有两道水脊位于轮船的两侧，随着船行向两边散去。

那么这道水脊产生的原因是什么？同时，随着轮船速度的加快，两道水脊之间形成的角度为什么会越来越小呢？

在回答这个问题之前，我们要先来研究一下因为投掷石块所激起的那一圈一圈波纹。

图 2–24　船头的波峰

倘若我们隔一段时间就向水中投一块石子，我们就会在水面上看到很多大小不同的圆。当然，最后投入石块的地方，圆圈是最小的。再假如我们在同一条直线上投石块，而且这些石块是向着同一个方向投的，那么，产生的圆圈就和船舶波浪的形状差不多一样了。投的石块越小，而且投的频率越来越高，那么相似度就越来越大。倘若我们在水中插入一根木棍，向前划动，这就如同不断向水面投石子，此时所产生的波浪就如同船头形成的波浪。

接下来，我们进行第二步。这样一来，我们就可以弄清楚其中的道理了。当船头进入水面时，这一时刻就好像将一个石块投入水中时产生的圆形波纹，并且这个圆形的波纹会持续向四周扩大。同时，随着船向前移动，第二个波浪也会产生，随之是第三个……如此连续不断产生的波浪，不正如图2–25（a）所示的连续不断投掷石块产生的波浪吗？当相近浪头的水脊相遇，且不停地连在一起的时候，两道连续不断的水脊就形成了。它们正好如图2–25（b）所示，成为各个圆形波浪的外公切线。

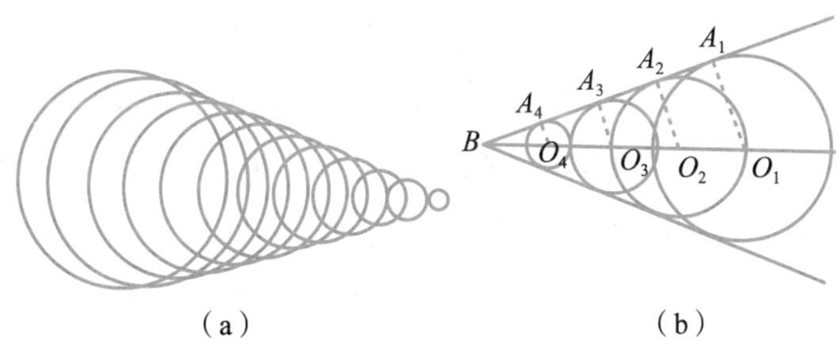

图2–25　船头浪是怎样形成的

这一原理不仅可以用来解释轮船划行后留下的水脊，我们还可以用这个道理来解释所有在水中快速前行的物体后面之所以形成浪头的原因。

在此，我们清楚，倘若想产生这种现象，那就只有在水中的物体以较快的速度前行，且这种移动速度要比水浪的速度大。倘若用一根木棍在水中缓慢地移动，那是无法产生这种效果的。因为这样的话，后面的波浪会出现在前一个波浪的里面，不会有外公切线产生，自然就不会产生水脊。

当河水流经静止的物体时，物体会将水面分成两道水脊。比如，我们在观察一条流速相当快的河流，当它流经一个静止的桥墩时，两道水脊就会清晰地出现在我们面前。而且它们的清晰程度比轮船产生的两道水脊还要高。原因就在于这里没有出现螺旋桨在拢动。

当我们清楚了形成船头波浪的原因后，接下来让我们试着解决以下问题。

【题】是什么因素决定轮船船头波浪的夹角的大小呢?

【解】如图2–25所示，我们先把每条波浪的圆心向水脊做成垂线，事实上这就等于向各圆的外公切线做垂线，而这些垂线就是每个圆的半径。O_1A_1和O_1B的比值等于$\angle O_1BA_1$的正弦。理由就是O_1B是轮船在某段时间内所走的距离，O_1A_1是在相同的时间里波纹扩展的距离。那么，$\angle O_1BA_1$的正弦事实上就是波浪的速度与轮船的速度之间的比值。而$\angle O_1BA_1$的两倍就是船头浪的夹角的大小。

由于波浪在水中的扩散速度与船没有什么大的关系，因此船头浪的夹角的大小与轮船的行驶速度有着直接的关系：半个船头角的正弦与船速之间是正比的关系。换言之，就是我们倘若想求得轮船的速度和波浪的速度之间的比值，就要依据角度的大小。比如，一艘轮船行驶于河中，其船头角是30°，则其半角的正弦$sin15°=0.26$，差不多是波浪扩展速度的4倍，就是轮船的速度。

炮弹的速度

【题】当一颗子弹或一枚炮弹在空中急速飞驰时，同样转动形成这样的角度。

借助于现代科技，我们可以将飞行于空中的子弹清楚地拍摄下来，图2–26就是两种不同速度的子弹的飞行情形。从图中我们可以相当清晰地看到由子弹形成的“弹头浪”。这个“弹头浪”的产生原理和船头浪的产生原理是一样的。

接下来，我们会利用“弹头浪”半角的余弦：波浪在空气中的速度和子弹的飞行速度相比。波浪在空气中的扩散速度与音速相等，即为330米/秒。因此，倘若我们将弹头浪测量出来，那么就可以轻松地将子弹的速度测量出来。如图2–26所示，请计算出子弹的速度。

【解】如图2–26，先将两个图片中的弹头浪的夹角量出来。左图是80°，其半角是$\frac{1}{2}\times 80°=40°$；右图是55°，其半角是$\frac{1}{2}\times 55°=27.5°$。

那么，$sin40°=0.64$，$sin27.5°=0.46$，波浪在空气中的扩散速度就是330米/秒。因为各自弹头浪半角的正弦等于波浪的速度与子弹速度的比值，那么经过计算可知，左图中子弹的速度是520米/秒，右图中子弹的速度是720米/秒。

此刻，或许我们还处于瞠目结舌的状态中，借助于这么简单的知识和一点点的物理学知识，我们就可以将看起来相当困难的问题解决掉！根据子弹在空中飞行的图片，将子弹此时的速度计算出来。前提是，我们不曾将其他一些次要因素夹杂进去，得到的结果只能是一个近似值。

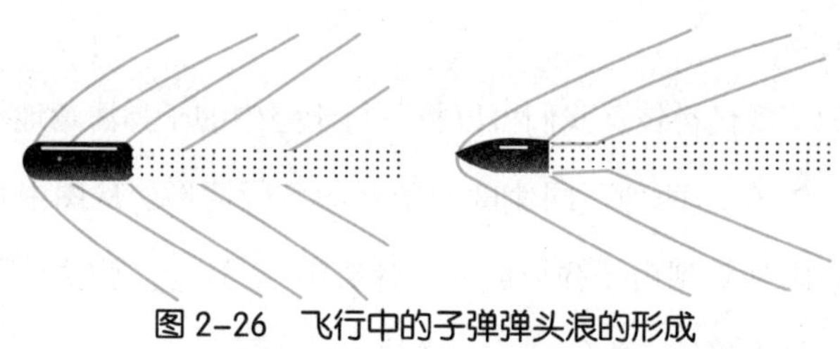

图 2–26　飞行中的子弹弹头浪的形成

【题】图2–27提供了三张飞行中的子弹图片，倘若你有兴趣，请将子弹的速度计算出来。

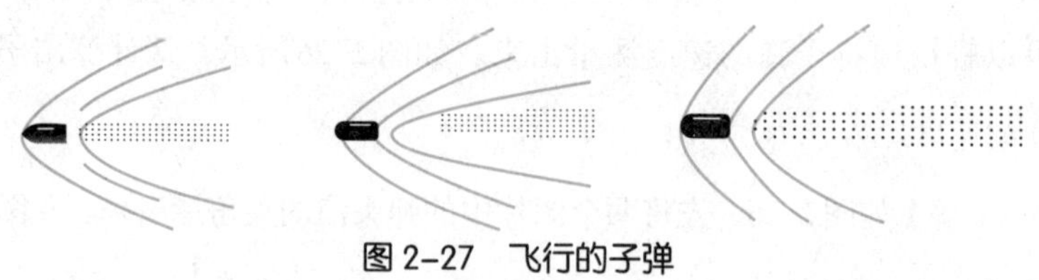

图 2–27　飞行的子弹

水塘的深度

刚才我们由波浪不由自主地谈到了子弹，那么，下面我们就要谈一个印度人和莲花的问题。所在，我们还是回到水塘上吧。

【题】从前的印度人有一个习惯，那就是总是喜欢将题目和算式用诗歌的形式表达出来。请看下面这道题：

一朵莲花，绽放于平静的水面上，它高出水面半尺，
是那么亭亭玉立，孤芳自赏。微风拂过，它倒向一侧，
不要为它着急，
在早春的日子里，一个渔夫，
在离它原来位置两尺远之处找到了它。
如今这个问题出现，
平静的湖面下，湖底究竟有多深？

【解】如图2–28所示，设水深CD为x，依据勾股定理可知：

$$BD^2-x^2=BC^2$$

$$(x+0.5)^2-x^2=2^2$$

解得：$x=3.75$（米）

这样的例子在岸边或水塘边随处可见，我们可以找到这样的一种水生植物，以此来测量水塘的深度。我们无须借助别的设备，甚至双手不用沾水，就可以将水塘的深度计算出来。

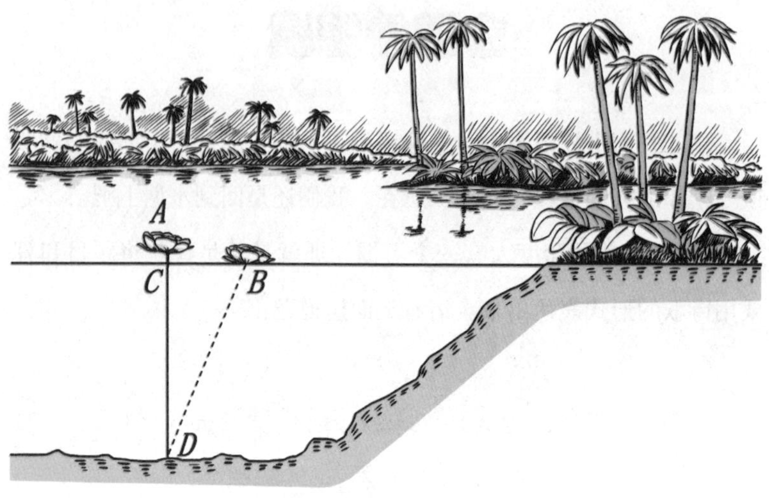

图 2-28　印度人的莲花问题

河中映出的星空

我们时常仰望星空，却不知对于河水中的星空，有多少人曾对其加以观察。俄国文学家果戈理曾对第聂伯河做过这样的一段描写：

> 繁星满天，夺目耀眼，这一切都在第聂伯河中映射出来；满天的繁星都被第聂伯河拥在怀中，无一能挣脱它的怀抱，直到它熄灭。

对于这种感觉，我们是不是也曾有过？当你在河边向河面望去，你似乎感觉到满天的星星全部映射在水中。

事实上，真实的情况也是这样吗？借助于水面，我们是否可以将所有的星星都观察到呢？

如图2–29和图2–30，我们来做图对此现象加以解释。观察者眼睛所在的位置就是点A，MN就是湖面。此时观察者向湖面望去，请问天空中的那些星星都能被他看到吗？这个问题相当容易解决。第一步，我们要找到A'点，并使之满足以下条件：

A点和A'点在直线MN的两侧，AA'垂直于MN，并与MN交于点D。倘若观察者的双眼位于A'点，那么$BA'C$内所有的星星尽收于他眼里。实际上，观察者从A点观察，也就等于从A'点。即所有在角$BA'C$以外的星星都不可能被观察者看到，原因就是观察者看不到这些星星的反射光线。

那么，上面的结果怎样才能加以证明呢？换句话说，如何证明在角$BA'C$的S星就是观察者通过湖面无法看到的呢？

倘若我们将S星的一条光线设想成照射M点，光线到达水面后会依照光线的反射定律向垂线MP的一侧射去，如图2–30，此时角SMP比角BMP小。即光线SM的反射角比角AMP小。此时，我们就可以轻松地看到光线不曾经过A点。

倘若S星的光线距离A点较远的话，观察者就不可能看到反射光线了。

所以，果戈里关于第聂伯河的描述，实际上是比较夸张的。在第聂伯河的水面上，我们不可能观察到天空中所有的星星。

令人惊讶的还不止于此，倘若想判断河流的宽广程度，我们不能借助于水面观察到的天空的幅度的大小。如图2-30，对于河岸较低且狭小的小河来说，倘若低头望向河中，我们差不多可以看到星空的一半，这就比那些宽广的河流要看得更多。在此种情况下，倘若视角正确，我们就可以轻松地将此点证明。

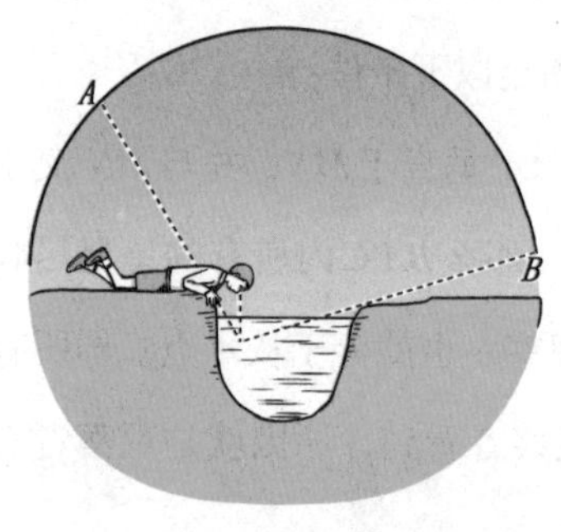

图2-29 在河面镜子里能够望到哪一部分星星

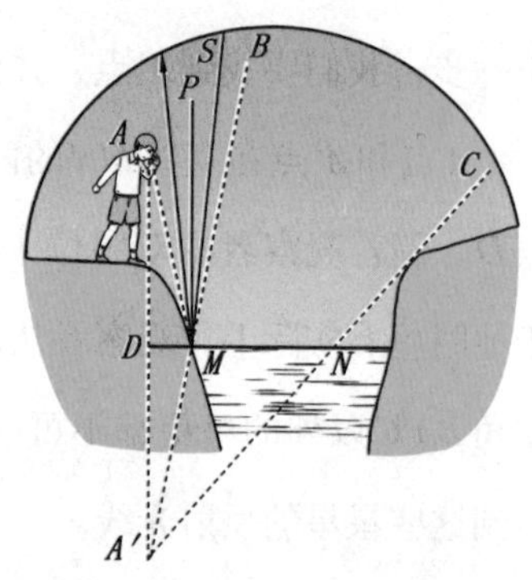

图2-30 在河岸较低的狭隘的小河中可以看见更多的星星

跨河架桥筑路

【题】如图2-31，现有一条河，它的两岸是相互平行的。*AB*两点在两岸上，请问怎样在河流上架桥，才可以让*AB*两点之间的路程最近，同时桥梁还一定要与河流垂直？

【解】如图2-32，从岸边的*A*点向岸边作一条垂线，并在这条线上找到点C，使AC的长度与河宽相等。连接BC两点，并与B侧岸边相交于点D。这样我们就可以在D点修建大桥，此时距离最近的两点就是AB之间。

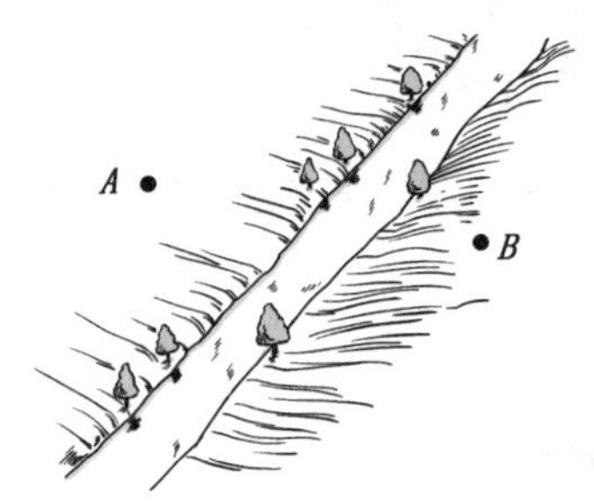

图2–31　在什么地方架一座和岸边垂直的桥，使从A到B的路程最近

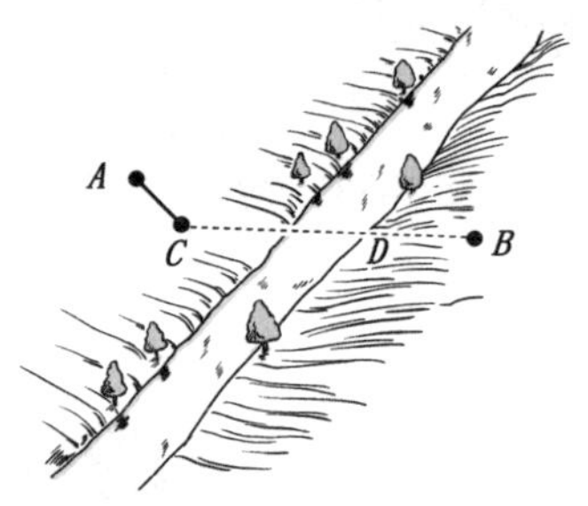

图2–32　架桥的位置选出来了

如图2–33，当我们将大桥DE架设于D点时，且将E点和A点连起来，那么AB两点之间的路径就是AEDB。原因就是AE平行于BC，AC平行于DE，所以四边形ACDE就是平行四边形。因此，线路AEDB与线路ACDB相等。那么我们就可以轻松地证明无论哪一条道路都比这条长。如图2–34，倘若一条道路AMNB可能短于线路AEDB，即比ACDB短，那么我们将CN相连，CN=AM，那么AMNB=ACNB，不过，CNB必定要比CB长，ACNB长于AEDB。由此可知，线路AMNB事实上要比线路AEDB长。

对于不在DE线上的桥梁来说，上面的证明过程也是适合的。即AEDB一定是一条最近的道路。

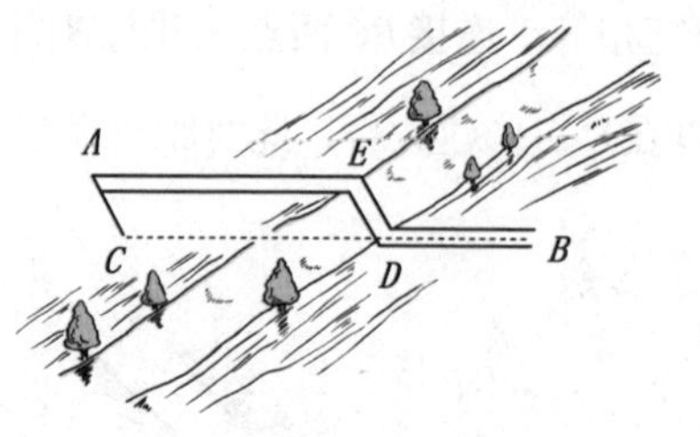

图 2-33　桥架好了

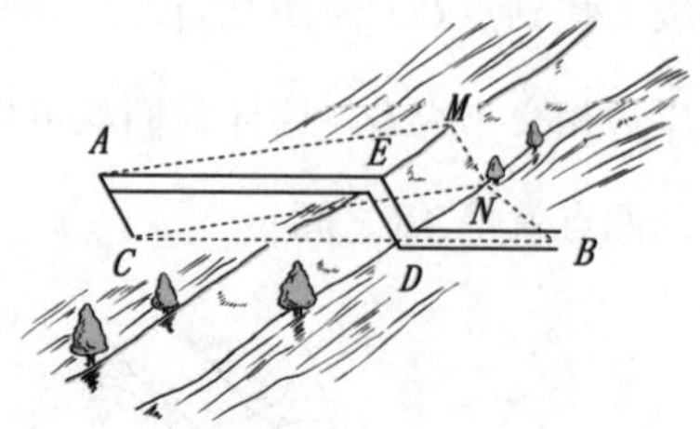

图 2-34　AEDB 果然是最近的一条路

修建两座桥

在现实生活中，我们或许会遇到更为复杂的情形，如图2-35所示，有两条河在AB两点之间，要架设两座桥梁，确保AB两点的距离最近，同时两座桥一定要和河岸垂直。在何处修建这两座桥呢？

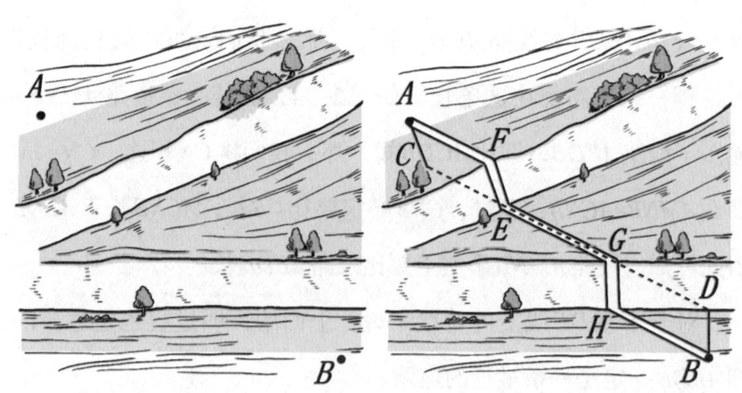

图 2-35　两座桥架好了

和上面的做法一样，作一条直线从A点垂直于第一条河流，并在垂线上找到一点C，以确保AC与河道的宽度相等。用同样的方法让B点找到D点。将CD两点连接，只要在E点架设桥梁EF，在G点架设桥梁GH即可。线路$AFEGHB$即最短的线路。

那么如何去证明这个线路正确呢？只要我们按照之前的方法去做，结果就可以轻松得到。相信你必定可以证明出来。

名师点评

和第一章类似，第二章的前5节仍然是考查了对相似三角形的应用，并且涉及到了初等几何中的最常见的两个相似三角形模型——“*A*字形”和“8字形”（如下图），它们都可以根据相似三角形的性质用来寻求边间关系。

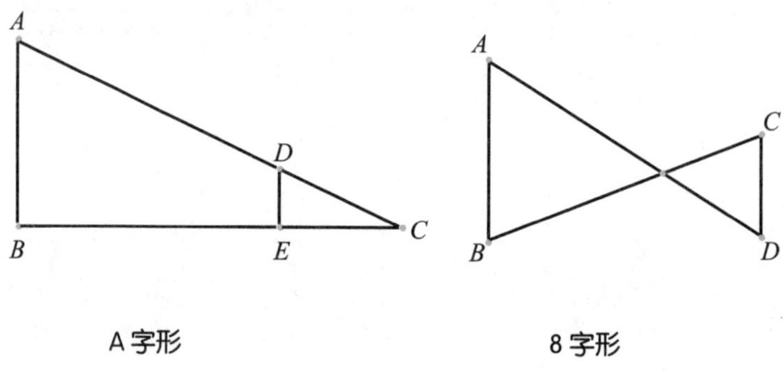

A字形　　　　8字形

当然，这里要特别指出的是“帽檐测距法”和“岛屿的长度”节次中提到的模型是有关全等三角形的对应边问题，这也可以归结为相似三角形的一种特殊情况，即相似比为1∶1。

有关河流的流速问题中，其实就是数学和物理学中常考的行程问题，即：

路程=速度×时间

顺水速度=静水速度+水流速度，逆水速度=静水速度−水流速度

水流流量=水流流速×横截面积

水面上的波纹问题和榴霰弹爆炸问题，因为每一个元素接收到的压力都是一致的，所以并不会影响它们的相对位置。

“船头的波峰”一节中提到正弦值问题，这属于三角函数的范畴。如图直角三角形ABC中，一个锐角A的余弦值，等于它所对的直角边BC与斜边AB的比值。即：

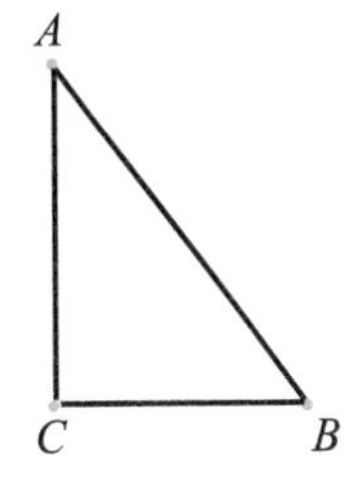

$$sinA=\frac{BC}{AB}$$

在解决水塘深度的数学模型时，它涉及到了勾股定理的应用。勾股定理是直角三角形中解决三边关系的一个重要定理，即两个直角边的平方和等于斜边的平方。以上图中的直角三角形ABC为例，即$AC^2+BC^2=AB^2$。它可以实现直角三角形三边中知二求一的结果。

跨河架桥问题，其实就是我们初中教材中提到的最短路径问题，它的基本原理便是两边之和大于第三边。因为河流的阻碍问题，它首先借助平移变换先把河流的宽度迁移出去，然后再确定建桥路线是问题解决的关键点。

第二章 旷野上的几何学

当我们立足于无边无际的旷野，仰望星空时，请你来回答：月亮和地球之间有多远？是否星星距离地球比月亮距离地球还要远？

月亮的尺寸

月亮到底有多大？可能每个人都会有不同的答案。很少有人会了解“视角”的概念。

视角，就是被观察物体边缘发出的光线，进入人的眼球时，两条光线夹角的大小，如图3–1所示。在不同的距离观察物体，视角都是不一样的。近一点，视角就宽；远一点，视角就窄。为此，倘若想用大小来表示视角，就一定要指出观察者与被观察物之间的距离。

图 3–1 什么叫视角？

一些现象在许多文艺作品中都是极为普遍的，包括很多一流的作家，都会通过描写别的不表明距离的物体比较去描述远处的物体。这种写法因贴近于大多数人的心理习惯而给人一定的印象，但其中的形象却并不能清晰明确。下面是摘自英国作家莎士比亚的作品《李尔王》中的一段话，请仔细分析：

> 从悬崖上望下去真是令人有些胆战心惊呢！
>
> 乌鸦在半空中盘旋，看起来不过一只甲虫大小；半山腰上有一个正在采摘金花草的人，从这看下去不比一个人头大呢；小老鼠一般大小的渔夫在海滩上漫步；岸边高大的帆船，看起来不过只有它的小艇那么大，而它的小艇小得甚至无法辨别，从这儿看去，简直小得像一只浮标。

由于上面的文字没有清晰地给出观察者所观察物体的距离，只是简单地表明了比较物体（甲虫、人头、老鼠、小艇……）的程度，倘若想要给读者留下异常清晰的印象，就需要给出相应的距离。同理，物体与观察者的距离同样也应该在我们用盘子、苹果比较月亮的时候给出。

这个距离，在有些时候要比想象中大很多。当我们观察伸直手臂之后握在手中的苹果时会发现，这个苹果能遮挡的面积完全超过了一个月亮，甚至能遮蔽半个星空。假如我们单独吊起苹果，一边后退一边观察，在苹果恰恰遮住整个月亮时停下，此时月亮和苹果将具有同样大的视角。

现在把观察者和苹果之间的距离测量出来，应该是10米上下。

这不得不令人感到惊讶：为了使苹果和天上的月亮大小一致，需要把苹果移到10米开外；而盘子就更远了，大约30米远才能让它和月亮等同大小，这可是50步的距离！

虽然对于第一次听说的人来说肯定很难相信，但这就是事实。这是怎么回事呢？因为，除了会在实际工作中常常用角度测量土地的测绘者、绘图者以及其他专业的职业工作者之外，我们很少能在生活中接触到估计视角这件事。

大多数人对于1°、2°或者5°等很小的视角，都只会有一个十分模糊的印象。而我们观察月亮时，视角大约是0.5°左右。较大的视角我们还是能较为准确地估计的，尤其是钟表的时针和分针的角度。这个我们都非常熟悉，大多数人都能很容易地辨认两针之间为150°（5点），120°（4点），90°（3点），60°（2点），30°（1点）的各个时刻，甚至不用看时钟的刻度，通过观察两指针的位置和角度就足以确定时间。我们只能在特定的情况下，才能看见某些十分微小的物体，所以，我们甚至不能估计出视角的大概数字。

视 角

我们来举一个实例，让大家了解一下1°究竟是个怎样的概念：如果对一个中等身材（即170厘米高）的人的观察视角为1°，观察者和这个人之间需要有多少距离？若改写成几何用语则是：计算一个满足1°的圆心角所对应圆弧是170厘米的圆的半径。由于对于一个很小的角度弧长约等于弦长，所以更准确的说法则是1°圆心角所对应的弦长为170厘米。

具体解法是：整个圆的周长应为圆心角所对圆弧为170厘米，整个圆的周长则为：

$1.7\times360=612$（米）$=2\pi r$

r：表示圆的半径

π：约等于22/7

求解得圆的半径$r\approx98$（米）。

因此我们如果要以1°的视角观察这个人，他必须离我们有100米左右，如图3-2所示。当我们与他的距离为200米时，视角则为（0.5°）。倘若此人和我们之间的距离是50米，那么我们的视角差不多就是2°。

用同样的方法，我们可以计算其他情况。当我们观察一根长1米的木杆时，如果视角是1°，我们和木杆之间的距离就是$360\div\frac{44}{7}\approx57$，对于这样一个长1米的木杆，这个距离就应该是57米。而一个长1千米的物体，这个距离就应该是57千米。

总之，当任何物体距离我们的距离正好是该物体直径的57倍时，视角恰好是1°。

一定要记住57这个数字。如此一来，你就可以轻松地将所有和物体角度有关的距离计算出来了。比如，当我们观察一个直径为9厘米的苹果时，倘若想让我们的视角是1°，那么我们应该距离苹果多远？

图 3–2 望见 100 米处的人体的视角是 1°

这里，距离就应该是9厘米和57的乘积，差不多是5米。倘若我们距离苹果有10米的话，那么我们观察苹果的视角差不多是0.5°，即我们平时观察月亮的视角的大小。

想想看，对于无论哪种物体，是不是当其视角为0.5°时，都可以用此法进行计算物体和我们之间的距离呢？

盘子与月亮

【题】一个直径为25厘米的盘子离我们多远的时候，我们观察它的视角和我们观察月亮的视角相同？

【解】距离=0.25×57×2=28.5（米）

月亮和硬币

【题】有一枚5戈比（直径25毫米）和一枚3戈比（直径22毫米）的硬币，请问需要离多远观察，才能和我们观察月亮的视角一样？（戈比是俄国货币，换算方法是100戈比=1卢布）

【解】距离分别为：0.025×57×2≈2.9（米）

0.022×57×2≈2.5（米）

生活中，你是否会怀疑这样的现象：三步外的5分硬币、80厘米外的铅笔端竟然远比天上的月亮大。

实际上，我们伸直手臂握住铅笔对着月亮，就会发现它不但能遮住月亮，而且遮住的面积比月亮更大。更令人不可思议的是，在视角大小相等的情况下，遮挡面积和月亮最相近的不是苹果、盘子，甚至樱桃，而是一粒黄豆。而更准确的比较物，则是10根火柴头。

我们需要在很远的距离观察苹果和盘子才能觉得它们和月亮大小相同，如果只是用手握着的话，它们比月亮要大10 ~ 20倍。而火柴头在离我们25厘米左右时，视角才会和月亮的观察视角一致，角度为半度。

月亮会造成让物体产生增大10 ~ 20倍的错觉，这是人类非常有趣的错觉之一，而产生这个错觉的最大因素是月亮的高度。在天空中的圆月要比周围的环境更加引人注意，相反，苹果、盘子、硬币等物体却不具备这个特点。

因为这种错觉，原本应该拥有正确眼光的艺术家就会如同普通人一样受到了欺骗。于是他们也常常在作品中把圆月画得很大。我们能很清楚地从风景画和照片的比对中发现这一点。

太阳也同样适用于之前所说的错觉。太阳的观察视角大约也是0.5°。因为太阳的直径有月球直径的400倍大，而地球与月球距离的400倍正好等于地球与太阳的距离。

轰动一时的照片

让我们先暂时抛开旷野的几何学，把着眼点放在电影中的特技镜头上，以便把视角这个重要的概念解释得更清楚。

我们常在看电影时看到这些十分惊险的镜头：火车相撞，桥梁倒塌，汽车沉海，等等。我们当然不会认为这些镜头是在实地拍摄的。那么问题就出现了：这些镜头是怎么拍摄的呢？

下面的几幅图片，能让我们窥得其中一些奥妙。图3–3中的桥梁倒塌事故，是由玩具火车和玩具桥梁组合而成。图3–4的场景是玩具轿车在玻璃水箱后拖动所成。

原因如下：拍摄影片时，摄像机所处的位置离这些道具（如玩具火车、汽车等）很近，因此在电影被放映时，观众会由于视角的原因，觉得这些道具的大小和真实的汽车和火车等是相同的。这就是错觉秘密的最大原因所在。

图 3-3　电影中的火车事故是怎样拍成的

图 3-4　汽车的海底行驶

我们来展示另外一个很好的例子，这是一个来自电影《鲁斯兰与柳德米拉》中的镜头。图3–5镜头展示出来的是对比鲜明的巨大的人头和骑在马上的小小的鲁斯兰。这个巨大的人头就是在离摄像机的距离相当近的位置上拍摄的，而骑在马上的鲁斯兰则位于较远处。这就是仪器造成的错觉的秘密。

图3–5　电影《鲁斯兰与柳德米拉》中的一个镜头

如图3–6，这也是错觉的一个极好的例子。这张图片如同让你回到了古地质时代，在一些形状如同巨大的苔藓的大树上，一滴滴巨大的水滴悬挂着，一个怪异的巨兽趴在这棵奇怪的大树前面，这头巨兽的样子和木虱特别像。

我可以告诉大家，事实上，这张照片是从现实中拍摄出来的。不同的是，这是以一个特别独特的角度拍摄出来的。只是因为我们从不曾用如此大的视角来拍摄苔藓、水滴和木虱，我们面对这张

图 3-6　从实物拍摄出来的奇异照片

照片的时候才会如此惊奇。为了能从正常的角度看这张图片，我们务必要将其缩小到和一只蚂蚁一样。

一些人常用此方法虚构捏造一些假新闻。一次，某国的一家报刊将政府办事不力的报道刊登出来，责问政府不对街道上的积雪加以管理，并附上一张图片，如图3-7。可是后来，经过调查证实，这张图片拍摄的只是一个极小的雪堆，但是由于拍摄的相机和雪堆的距离非常近（图3-8），以致夸大了事实。

图 3-7　积雪的照片

图 3-8　实际上的情形

同样的事情也发生在一家报社。这家报社刊登了一幅照片，照片上是郊区某处山岩上的一处宽阔的岩缝。而且报纸上还说，此岩缝是一个相当大的地下室的入口。就在此地，一些探险家失踪了。知道这则新闻后，很多志愿者去寻找那些失踪的探险家，后来发现，这张照片拍的只是一段墙壁上一个极小的裂缝，它的实际宽度只有1厘米。

活的测角仪

如果想制作一个最简单的测角仪，尤其是一个分角器又在我们手中时，那就是一件相当轻松的事情了。但出门旅游的时候，若想测量一些角度，我们又不可能随身携带自制的测角仪，那么该如何处理呢?

此时，我们就可以利用大自然随时为我们提供的“活的测角仪”。此处我们说的“活的测角仪”并不是指别的东西，就是我们的五个手指。条件是我们提前做一点点准备工作，如做几次测量和计算，就可以轻松地利用我们的手指去测量视角的大小了。

提前做的准备工作就是：先将我们的手臂伸直，观测食指指甲的视角大小。通常的情况下，成年人的食指指甲约为1厘米，将手臂伸直，眼睛到食指指甲的距离差不多为60厘米。因此，我们观察伸直手臂的食指指甲的视角差不多就是1°，准确地说，比1°稍小一点。这一点也适用于未成年人，原因就在于，尽管未成年人的食指指甲宽度比较小，不过他们的手臂也就会略微短一些。

倘若你能实地对自己的参数加以测量，而不是单纯依赖书中所给的一些参数的话，其效果自然更好——只有自己动手测量之后，才可能知道你自己的视角有多大，也才能看到这个视角是不是和1°没什么差别。倘若视角相差太大，那么我们就一定要换一只手指的指甲来观察。

了解了所谓的“自身参数”，我们可以不用携带测角器测量一些微小的视角。比如，观察远处的物体时，倘若伸直手臂时发现食指指甲正好能遮住前方的物体，那么，观察这个物体的视角就是1°。换句话说，此时观察者与观察物的距离正好为观察物体宽度的57倍。若只能遮住一半，那么视角即为2°，此时，你和被观察物体之间的距离大约是被观察物体宽度的28倍。

当采用此方法观察月亮时，我们只需用半个指甲就能将月亮遮住，那么此时观察月亮的视角正好是0.5°，由此可知，我们与月球的距离大约是月球直径的114倍。如此重要的天文学的参数，竟然能被我们如此轻松地就测量出来了，是不是没有想到呢？

我们可以利用大拇指最上方的关节长度来进行一些比较大的角度的测量。我们伸直手臂，大拇指最上面的关节呈直角弯曲，此时这段手指的长度大约是3.5厘米，到眼睛的距离大概是55厘米左右。那么此时这段手指的观察视角是多少？计算可得是4°左右，所以可以测量出4°和8°的视角。

还有两个可以利用自己的手指测量的角度，都需要把手臂伸直：①尽量分开食指和中指，我们观察指端的视角为7°~ 8°；②尽量分开食指和大拇指，观察两指端的视角大约就是15°~ 1°。有兴趣的读者可以自行验算计算视角的过程。

运用上面的方法，我们在旅游的时候，会发现很多的测算机会。比如，当你伸直手臂，发现远处的一列货运火车的一列车厢能被半截弯曲拇指的一半遮住，说明你观察这列车厢的视角是2°。如果已知一列车厢长6米，你就可以相当容易地将你与列车之间的距离计算出来，即6×28=168（米）。当然，此种测量方法并不是相当准确，不过至少比只凭肉眼估计要来得准确。

接下来，我们来讨论一下只用身体而不用其他工具就可以做直角的方法。

比如，想在某点上做垂直于某方向的垂线。第一步，请你站在此点上，视线朝向那个方向，此时要确保头部的位置不变。将位于垂线方向的一只手臂自然伸直，并将拇指朝上后竖直，然后将头向垂直方向转动，用你所在手臂侧的眼睛，即如果伸直的手臂是右臂就是右眼，如果伸直的是左臂就是左眼，向拇指方向望去，找到正好被拇指遮住的物体，如大树、石头等。

第二步，用直线将你所站的点与刚才所找的物体连起来，此条直线就是你要做的垂线。你或许会认为此种方法并不是很好，不过经过一段时间的练习之后，你一定会对这个“活的垂线标尺”给予相当高的评价。

现在，已经可以在不具备何种设备的情况下，将星星和地平线所成的高度角及各星体之间的距离角度用“活的测角仪”测量出来。我们还学会了不借助于任何工具就轻松地将直角作出来。这样一来，就可以将任何一块地面的平面图轻松地绘制出来了。

比如，图3–9就可以告诉你一个湖面的平面图的做法：第一步就是将长方形*ABCD*量出，找到在这个湖边上方向显著的地方，然后运用所学的知识，将长方形*ABCD*相应边的垂线和交点在这些点上画出来，使之到长方形顶点的距离相等。换句话说，倘若你将“活的测角仪”测量角度（两脚测量距离）的方法学会，纵然陷入鲁滨孙当年的那种处境，它或许也会提供给你不少帮助。

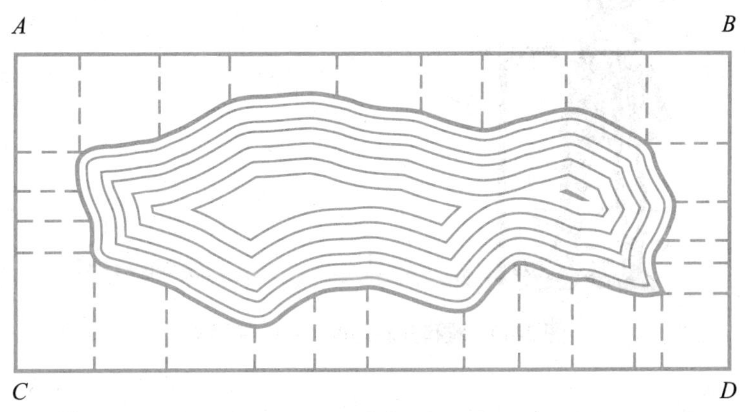

图3–9　湖的平面图

雅科夫测角仪

那么有没有比刚才所说的“活的测角仪”更精确测量角度的仪器呢？倘若你想找到的话，那我可以十分肯定地说，有一个很简单而且精确地测量角度的仪器。它的发明者名为雅科夫，为了纪念他，这种仪器被称为雅科夫测角仪。航海家们直到18世纪还在使用雅科夫测角仪（图3–10），直到更加方便、准确的六角仪（六分仪）出现，这种仪器才被慢慢淘汰掉。

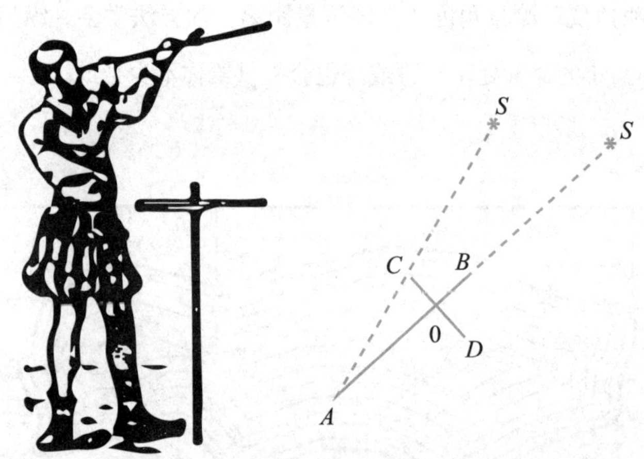

图 3–10　雅科夫测角仪和它的使用法

组成这种测角仪的是一个长70 ~ 100厘米的长杆*AB*，和一段能够在*AB*杆上滑动的并垂直*AB*的直杆*CD*。要注意的是，此时*CO*和*DO*的长度要相等。倘若你想用这个测角仪测量两颗星星*S*和*S*′

之间的角距（图3–10），那么你就需要将测角仪的*A*端贴在眼睛上（如果为了方便观察，我们可以将带有小孔的木板装在*A*端上），确保*A*点、*B*点和*S'*星在同一直线上；此时我们再将*CD*杆移动，以保证*A*点、*C*点和*S*星在同一条直线上（图3–11）。接下来，将线段*AO*的长度测量出来。由于杆*CO*的长度已知，因此角*SAS'*的正切值就是*CO*/*AO*，然后就可以得出角*SAS'*的大小了。

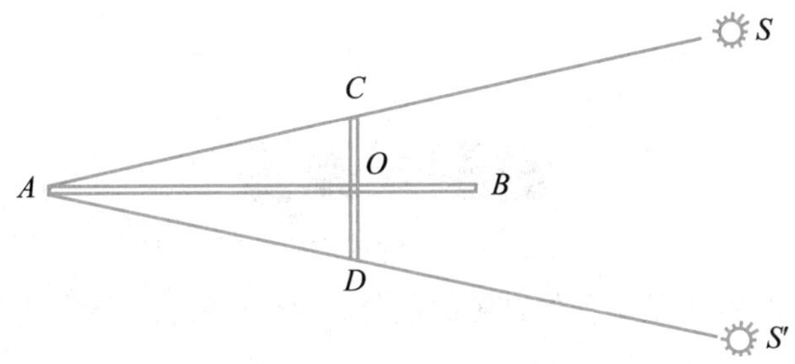

图 3–11　使用雅科夫测角仪测量两颗星间的距离

在本书第五章中，我们会讲到这方面的知识。借助于勾股定理就可以计算出*AC*的长度，借助于正弦就可以求出角*SAS'*的大小。

最后，我们也可以用图解法来测量未知角的度数。方法是：首先以任意比例做出三角形*ACO*，然后用量角器量出角*A*的度数。倘若没有量角器，我们可以利用第五章所介绍的测量方法来测量角的度数。

或许有人会提出以下疑问：测量仪的另一端的用途是什么呢？如果两颗行星之间的角度过大，用半个测量仪都不足以解决的话，那么另外一半测角仪就可以派上用场了。此时，我们不需保证*A*点、*B*点和*S'*星在同一直线上，而是要保证*A*点、*D*点和*S'*星在同一直线上。A点、C点和S点同样是位于同一直线上（图3-11）。

那么角CAD就是我们所要测得的结果。最后，我们再通过几何原理或者作图的方法就可以很容易测量出角SAS'的读数了。

为了让雅科夫测角仪的使用更方便，我们可以提前在直杆AB上将预先计算出来的结果刻上去。如此一来，我们在测量的时候无须计算就可以得出结果。

钉耙测角仪

图3-12中是一种像钉耙的视角测角仪，我将为大家介绍它的制作方法。这种钉耙测角仪相对来说更容易制作。它的组成部分主要是木板和大头针。

木板是可以随意变化的形状，其上一端是一块带有小孔的小木板，作用是固定观察视线；另一端钉着一排大头针，最好是那种制作昆虫标本的大头针。这些相邻的大头针之间的距离应该是其到观测点的1/57。依据前面所讲的内容，可以知道，此时我们从观察板观察相邻的两个大头针时，视角恰好是1°。

我们可以利用更加精确的方法校准测角仪：将两道竖直的直线画在墙上，并确保两条直线的距离是1米，然后后退57米，此时，观察两直线的视角就是1°。那么此时，只要确保两个相邻的大头针恰好能将墙上的两直线遮住，就说明校准是成功的。

图 3-12　钉耙测角仪

将大头针全部钉好后，我们可以将其中的部分大头针去掉，为的是保证两个相邻的大头针之间的视角分别是2°、3°和5°等。这个测角仪的使用方法在此不再介绍，相信大家必定能够灵活地运用它。当然，这个测角仪的测量精度是0.25°。

炮兵和角度

炮兵在发射炮弹的时候，绝对是瞄准目标的。

当炮兵清楚自己的攻击目标的高度后，他们就会着手计算目标的角度，以及自己与目标之间的距离。当然，他们通常也需要计算攻击目标移动后火炮的炮筒需要转动的角度。

此时，炮兵需要在最短的时间内计算出结果，而且必须用心算。那么，我们就会提出疑问：他们究竟是如何做到的呢？

如图3–13，AB是圆O的半径为OA的一段圆弧，其中，ab是以O为圆心、Oa为半径的一段圆弧。大圆半径OA为D，小圆半径Oa为r。

图3–13 炮兵测角仪简图

由图中可知，两个扇形AOB和aOb相似，因此：

$$\frac{AB}{D}=\frac{ab}{r}\text{或者是}AB=\frac{ab}{r}D$$

角AOB的大小由式子中的$\frac{ab}{r}$表示。若已知角AOB大小，那么要计算AB的值只需知道D值即可，同样的D值也可通过AB值计算出。

实际情况中，人们将圆周分为了6000等分，而不是按照通常做法，将圆周分为360等分。此时，每一等分的长度大约是半径的千分之一。

倘或在图3-13中，圆O的ab弧是一个分化单位，那么：圆周长$=2\pi r \approx 6r$，而弧$ab \approx \frac{6r}{6000}=0.001r$，在军队中，这个单位就叫作一个"密位"。所以$AB \approx \frac{0.001r}{r} \times D=0.001D$。

那么，只要将距离D的小数点向左移动三位，我们就可以知道实地中需要多大的距离就相当于测角仪的一个密位了。

炮兵在通过电话或者电台传达命令或者观测结果之类时，一般会用读电话号码的方式读出。"1-05"读作"一〇五"；8密位写作"0-08"，读作"〇〇八"。

此时，做下面的题目就十分轻松了。

【题】在反坦克炮上观察0-05密位的角度发现一辆敌军坦克。假定坦克的高度是2米，请求出坦克的距离。

【解】由题目可知：测角仪5密位=2米，所以，1密位$=\frac{2}{5}$米$=0.4$（米）。

由于测角仪的每一密位的弧长大约等于距离的1/1000，因此我们可以知道$D=0.4\times1000=400$（米）。

倘若侦察员或者指挥员身边没带测角仪，那么他可以利用手掌、手指或者是身边的任何方便的物体。不过要注意的是，需要将测量出的值换算成密位，而不能采用普通的角度。

以下是一些物体密位的近似值：

手掌：1–20。

中指、食指或无名指：0–30。

圆杆铅笔（宽度）：0–12。

3分或者20分的分币（直径）：0–40。

火柴的长度：0–75。

火柴的宽度：0–03。

视觉的敏锐度

图 3–14 目力测验图

将物体视角大小的测量方法掌握之后，你就清楚自己应该如何去测量视觉敏锐度了。我甚至可以立刻将一个测试视角敏锐度的测试实验动手做出来。

将20条相同的黑线画在一张白纸上，条件是：每条黑线长差不多和一根火柴的长度相当，即5厘米；每条黑线的宽度为1厘米，并使黑线的总宽度和长度相等，使之成为如图3–14所示的一个正方形。

然后，将这张纸贴在光线充足的白色墙壁上，接着离开一段距离后再看那张图纸，直到你无法看清图中的任意一条黑线，这时停止后退。此时，将你与图片之间的距离测量出来。如此一来，就可以轻松地将你不能辨别1毫米黑线的视角的度数测量出来了。倘若这个角度经计算是1′，那么就说明你的视力正常；倘若这个角度是3′，那么就说明你的视力为正常视力的1/3……以此类推。

【题】如图3–14，当你离图片2米的时候，恰好无法识别图片。那么请你测试一下你此时的视力是否正常。

【解】在此之前我们已经讲过，倘若观察长为1毫米的线长，观察距离为57毫米，观察角度是1°，即60′。

从2000毫米处观察此1毫米长的线条的视角是x，则：

$$\frac{x}{60}=\frac{57}{2000}$$

$$x\approx 1.7'$$

因此由结果可知，你的视力处于不正常的状态，只有正常情形的0.6倍，即1/1.7。

视力的极限

在此之前我已经提到，当我们使用正常视力观察物体的视角小于1′时，是不可能逐条分辨出物体的。这个结果对于任何物体都是适用的。换句话说，就是无论什么大小、什么轮廓的物体，只要观察者的视角小于1′，正常视力都不可能将它们辨别出来。在此种情况下，我们观察的任何物体都只是一个可以辨认的黑点，没有大小和形状的尘埃。

1′是平均视力的极限。究竟为何如此？这其中涉及物理学视觉和生理学视觉，我们在这里仅着眼于几何学上与此相关的现象。

上面提到的概念，在对于很大但是距离很远，或者很小但是距离极近的物体都是适用的。正常视力是无法辨别空气中灰尘的形状的，即使在太阳下，我们依然只能看到一个非常小的点。某些小昆虫的细小肢体我们同样不能清晰地识别，也是因为我们观察它的视角小于1'的缘故。如果不借助望远镜，我们同样不能观察到月球、行星以及其他星体的细微部分。

倘若视觉极限能够再宽一点，那么我们会发现，呈现在我们面前的世界将会大大不同。倘若我们的视觉极限是0.5′，那么我们观察到的世界将会比现在所见的世界要深远得多。在契诃夫的中篇小说《草原》中，我们就可以读到曾出现过这样的“千里眼”。

他（瓦夏）的目光相当锐利。他能看得相当远，所以，对于他来说，荒凉的棕色草原永远都是充满生命和内容的。他只要略微向远处望去，目之所及之处就是狐狸、野兔、大雁，或者那些见到人类就远远躲开的动物。对于那些走过草原的人，看见一只奔跑的野兔或者是一只飞翔的大雁根本没有惊奇可谈。不过，不是所有的人都可以看见那些不是在奔跑就是在躲藏的小动物的。与他人相反，瓦夏可以看到玩耍的小狐狸、用爪子洗脸的小兔子、正在修饰自己的羽毛的大雁，以及正从蛋壳中钻出的小雁。由于人类眼睛的特殊性，瓦夏不但可以看到大家所能看到的世界，他还能看到一个属于自己的精彩世界。那个世界也许非常漂亮，而每次他看什么看得入迷的时候，我们都不由得不去妒忌他。

令人无法想象的是，我们只需要将观察极限从1′降低到0.5′，或者是近似于0.5′，我们就可以让自己的眼睛变得更加敏锐。

就是因为如此，望远镜和显微镜才会有魔术般的效果。它们的作用就是改变被测物体的光线进入眼睛的路线，使其以更大的角度进入眼睛，这样我们的视角下观测物体就变大了。我所说的放大100倍，实际上是说用显微镜和望远镜能用正常视角下100倍的视角观察物体。此时，大大增加视力的我们，可以看到很多很多平时看不到的物体了。

比如说，我们观察满月的视角是30′，月球直径是3500千米，所以普通人的视力极限是3500/30 ≈ 120（千米），因此，可以说物体宽度小于120千米，那在我们眼中就是一个黑点；但是如果我们使用100倍望远镜观察满月的话，我们的视力极限就能提高到120/100 ≈ 1.2（千米）。

如果用1000倍望远镜的话，视力极限就会提高到120米。因此，我们可以利用现代望远镜观察到月球上与地球上一样大小的巨轮或者工厂，假如月球上有的话。在日常生活的观察活动中，1′的视角极限有着十分重要的意义。因此，观测物体离我们的距离等于物体大小的$57 \times 60 \approx 3400$（倍）时，我们就无法观测该物体，在我们眼中它就是一个黑点。假如有人告诉你，250米外的人脸他能清晰辨别，那么除非他是超人，否则他肯定办不到。原因是，人眼之间的距离是3厘米左右，因此人一旦离开我们3×3400厘米，也就是大约100米左右时，就已经是一个黑点了。

这种办法常常被炮兵用来测距离。部队规定：如果观察一个人时，能清晰辨别他的眼睛，那么，你与他的距离不会超过100步，即70米之内。因此刚才提到的100米，可以看出部队已经很照顾视力较弱的人了，标准降低了30%左右。

【题】一个拥有正常视力的人，倘若有三倍望远镜，他能不能辨认出10千米外的骑马的人？

【解】一般来说，骑马的人的总高差不多是2.2米，那么观察他的视力极限距离就应该是$2.2 \times 3400 \approx 7$（千米），如果使用三倍的望远镜，那么视力的极限距离是$7 \times 3=21$（千米）。所以，在10千米外，只要利用三倍的望远镜，我们就可以辨认出这位骑马的人。

但要有一个前提，那就是：空气十分透明。

地平线上的月亮和星星

再马虎的观察者也会发现，其实应该是每个人都会观察到，满月刚刚升起的时候比其高挂空中时大了很多。这种现象，太阳也同样适用——刚刚升起的太阳比正午时候的大很多（请勿直接观察太阳，别忘记防护措施）。

观察星星也是此现象，主要表现是，接近地平线的时候，星星之间的距离仿佛变大了。冬天的猎户座，即夏天的天鹅座，其高挂空中和在地平线上的时候，它们在不同位置时的巨大差距会让我们惊讶万分。

但是星星有一个令我们更加惊奇的现象，那就是星星刚刚升起或者消失的时候，它离我们的距离反而比它挂在空中的时候远，大约是一整个地球半径的距离。从图3–15中可以清楚地看到这一点：观察头顶的星星时，我们在点A；观察地平线上的星星时我们在B点和C点。为什么此时星星、月亮和太阳看起来会更大呢?

“实际上，这仅仅是一种视觉错觉。”这仅仅是个视觉上的欺骗罢了。如果利用钉耙测角仪或者其他测角仪，就可以发现，其实在地平线上和高挂空中的月亮的视角都是0.5°。用这些测角仪测量星星之间的距离也会发现，这与在天空中的位置没有关系，距离也没有变化。这种表面上的增大，只是一种任何人都适用的光学错觉罢了。

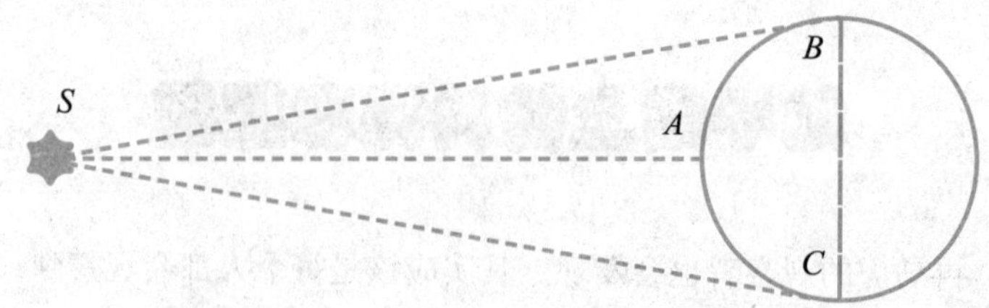

图 3–15　为什么星体位于地平线上时比高挂在天空中时离我们更远

到底应该怎样解释这样严重和显而易见的偏差呢？截至目前，科学界依然没有出现一个可以让所有人得到满意的答案。早在托勒密时代，人们就开始研究这个问题了，最后依然毫无结果。请看下面这个看法，与这个错觉有着一定的联系。

对我们而言，整个苍穹并不是一个纯粹意义上的半球，它实际上是一个球体。此球体的高度与地面半径相比要小，差不多是半径的1/2或1/3。原因是当头部和眼睛处于正常位置上的时候，任何水平方向或者与水平方向的距离接近的距离，都要比竖直方向上的距离大。我们在水平方向上可以用水平的视线来观察物体。当观察其他位置上的物体时，我们不得不抬头或低头观察物体。倘若我们仰卧在地面上，就会发现高挂于天空的月亮要比处于地平线上的月亮大得多。这个问题让心理学家和生理学家感到为难：为什么我们的观察方向要受所见物体的大小的限制呢？

依据图3–16，处于不同位置的星体，对于扁圆而不是浑圆的苍穹所显示的大小的原因，就是可以从中得知。我们看天空中的月亮，当它高挂于天空中，即位置是90°的时候，或者位于地平线上，即位置是0°时，我们的视角都是一样的。

一样是0.5°这个概念，不过我们的眼睛却不认为月亮和我们的距离是相同的。我们依然会觉得月亮在头顶时比它在地平线上时离我们更近，所以，在相同的半度视角观察下，我们会觉得月亮变小了。图3-16的左半部分说明两颗星星在不同的位置它们的距离变化的图解。这样看来，两颗星星之间，原来的角距此时仿佛就产生了变化。

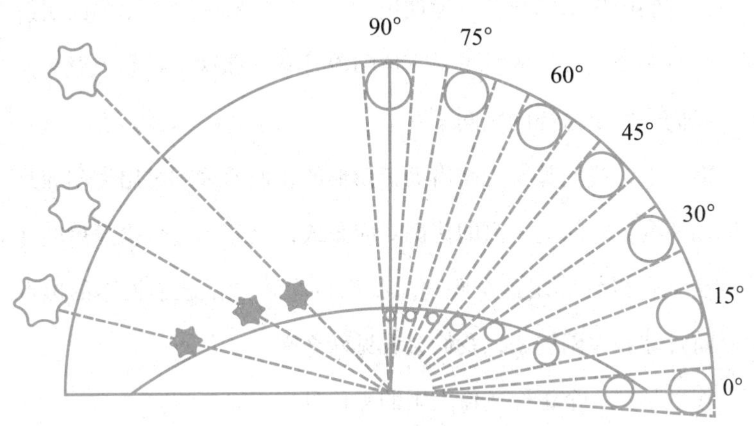

图 3-16 “扁圆”天穹对天体视角大小的影响

还有一个值得思考的地方：我们沉醉于地平线上的圆月时，是不是能发现一些新的线和斑点？答案是不会的。不过我们明明看到了一个放大了的月亮啊？那么看不到新的事物的原因是什么呢？

理由就是，这种放大实际上和望远镜的放大之间有着本质的区别。前一个放大是基于视角不变的状态下的一种错觉，倘若想看到月亮上的新东西，我们就需要增大自己的视角，其他的放大都只是一种对于观察毫无意义的错觉。

月球影子与平流层气球影子的长度

下面，要介绍一个利用视角解决的令人预料不到的问题：解答物体在空间中投影的长度。比如说，月亮的投影——在太阳的照射下，会有一个圆锥形的投影一直伴随着月亮。那这个投影大概多长呢？我们会发出这样的疑问。

事实上，我们甚至无须借助三角形的相似原理列举出太阳和月亮半径和两者之间的距离的比例对应公式，只需用一个很简单的计算方法就可以计算出这个距离。我们将眼睛放在这个投影的黑点上，向月球和太阳望去，我们会看见什么呢？

答案是，一个正好遮住太阳的黑色月亮。

我们都知道，此时我们观察月球和太阳的角度都是0.5°，而且我们和被观察物体的距离正好就是物体直径的114倍。因此我们可以得知，月球的投影长度应该是月球直径的114倍，即$3500 \times 114 \approx 400000$（千米）。

由于这个稍微大于地球和月球的距离，于是我们才能在地球上观察到日全食——而此时我们所处的位置就在这个投影的本影里面。

地球投影长度是不难计算的。设投影圆锥顶角为半度，这个投影的长度要大于月亮的投影，这个与月球投影长度的比值应该是等于地球直径和月球直径的比值的。所以可以知道，地球投影的长度应该是月球投影长度的4倍。

这种方法同样可以用来计算更小的物体在空间中的投影长度。例如，在平流层中，气球会变成一个球体。这时该气球所投射出的长度是多少？

因为气球的直径是36米，锥形投影顶角也是0.5°，所以这个投影的长度应该是$36\times114\approx4100$（米），大约为4千米。

前提是，次投影所指的是本影，而不是半影。

云层距离地面很高吗？

第一次看见飞机在蔚蓝的天空中留下一条长长的白烟时有多么惊讶，想必你一定不会忘记。现在都知道这只是一种普通的物理现象，是“纪念”飞机到过这里的“签名”。

雾在又冷又潮湿、尘埃含量高的空气中很容易形成。

雾是细小的粒子，形成需要尘埃。飞机发动机的燃烧产物是一种很好的来源。空气中的水蒸气在这些细小粒子排出后不断凝结在粒子上，大量的水蒸气凝结就形成了云。

我们能在这些云没有消失之前测量出这些云层的高度，通过这种方法得知驾驶员所驾驶的飞机爬升的高度。

【题】若云所处的位置不在你的头顶，那么应如何来测定云层的高度呢?

【解】此时我们需要用到照相机，而且是一个比较复杂装置的照相机。在今天，它已经是大多数人，尤其是年轻人的爱好。

现在我们用两架照相机来解决这个问题。条件是这两架照相机的焦距是一样的。当然，对于焦距，我们可以从镜头上看出来。

首先，我们将两架相机放在两个较高的位置，它们的高度是一样的。

倘若是在野外，我们就可以利用三脚架；倘若是在城市里，就可以放在屋顶的阳台上。不过，两架相机之间的距离，要让观察者无论在它们的任何一个位置上都可以看到另一个。

这两架相机之间的距离是可以测量出来的。我们可以依据地图或地形平面图测出。不过，两个相机的光轴一定要保持相互平行。比如，它们可以同时竖直地对着天空。

当被观测的云进入相机时，此观察者就示意另一位观察者，两人同时拍下图片。

如图3–17，洗印出来的相片应该与底片是一样的，并且在照片上画出平面图的x轴和y轴。

接下来，将云的一个共同点在两张照片上分别找出来，并测量它距离x轴和y轴的距离，并且分别用（x_1，y_1）和（x_2，y_2）表示此点在第一张照片和第二张照片上的位置坐标。

如图3–17，倘若我们选定的点位于y轴的两侧，则云层的高度就可以利用下面的公式得出：

$$H=b\times\frac{F}{x_1+x_2}$$

假如所选定的点在y轴的一侧，云层高度就可用以下公式计算出来：

$$H=b\times\frac{F}{x_1-x_2}$$

要注意，此处b表示基距的长度，单位是米；F表示焦距，单位是毫米。

我们不需用y_1、y_2去计算云层的高度，不过这两个数值却可以让我们反过来利用它们测定照片的精确度。

倘若放在底片匣中的两张底片是严密且互相对称的，那么照片y_1，y_2就应该是相等的，但是事实总是略有不同。

请看这个例子。倘若在两张照片上选定的点的位置如下：

x_1=32毫米，y_1=29毫米

x_2=23毫米，y_2=25毫米

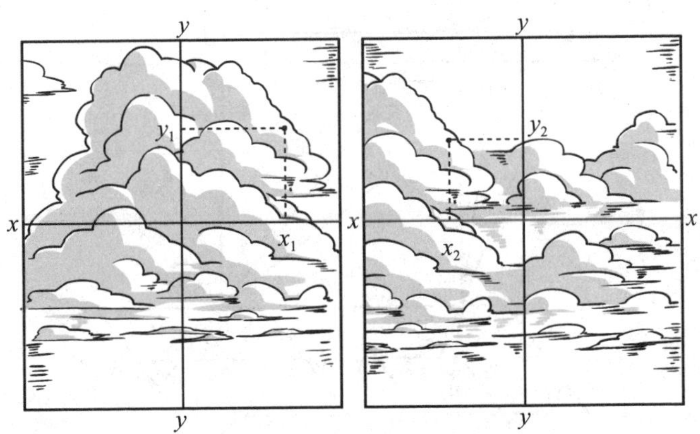

图3–17　云的两张照片

相机镜头焦距F是135毫米，两相机距离（基距）b是937米。由以上公式可知：

$$H=b\times\frac{F}{x_1+x_2}=937\times\frac{135}{32+23}\approx 2300(\text{米})$$

因此2.3千米大约就是云层的高度了。此时，我们可以参考图3–18来了解这个云层高度公式的来源。

图3–18是一个三维立体图。要注意的是，这是几何学的分支——立体几何学所研究的内容。

我们要做的第一件事就是弄清楚以下各参数的意义。请看图3–18中Ⅰ和Ⅱ两张照片；相机的镜头光心是F_1和F_2；我们选择的云层中的一点设为N；n_1和n_2是照片中N点的像；a_1A_1和a_2A_2是照片中心到云层所在平面的垂线段；基距$b=a_1a_2=A_1A_2$。

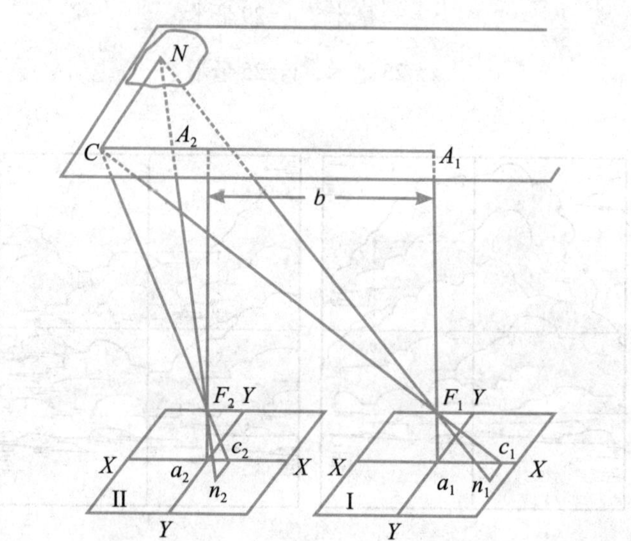

图3–18 两架照相机向天顶方向拍摄所得云层照片中某一点的图解

我们将Nn_2和Nn_1连起来，NC垂直A_1A_2，n_1c_1垂直X轴，n_2c_2垂直X轴，这样我们就可以看出，三角形F_1NC和三角形$F_1n_1c_1$相似，三角形A_1CF_1和三角形$a_1c_1F_1$相似。因为$F_1a_1=F$（焦距）、$a_1c_1=x_1$、$c_1n_1=y_1$，故：

$$\frac{CA_1}{x_1}=\frac{A_1F_1}{F}=\frac{CF_1}{F_1c_1}=\frac{CN}{y_1}$$

同样$\frac{CA_2}{x_2}=\frac{A_2F_2}{F}=\frac{CF_2}{F_2c_2}=\frac{CN}{y_2}$

观察两个比例式，我们发现$A_2F_2=A_1F_1$，因此可知：

（1）$y_1=y_2$，这是我们拍摄准确度的标准。

（2）$\frac{CA_1}{x_1}=\frac{CA_2}{x_2}$，理由是$A_2C=A_1C-b$，因此$\frac{CA_1}{x_1}=\frac{A_1C-b}{x_2}$。

从而得：$A_1C=bx_1/(x_1-x_2)$

最后求得：$A_1F_1=F/(x_1-x_2)\approx H$

若N点在照片中的像n_1和n_2在y轴的两侧，即C点位于A_1A_2之间，此时$A_2C=b-A_1C$，由此，最后要测的云层的高度就是：

$$H=b\times\frac{F}{x_1+x_2}$$

以上两个公式在使用时有一定的前提，即两相机的镜头一定是竖直的，即同时朝向天空。若这朵云离得较远，不在相机的镜头里，此时我们就可以将相机的摆放位置调整一下，不过要保持两镜头互相平行。比如，将它们的镜头调向水平方向，且一定要垂直于基距，或者要处于沿着基距的方向。

测距的关键条件是要将两个相机的位置图先画出来，且还要根据布置将该云层的高度推算出来。

在夏天的时候，我们经常看到这样的云：众多白色羽毛状的高层卷积云堆积在一起。此时，不妨用上面的方法将云层的高度测量出来。每隔一段时间就测量一下云层的高度。当我们发现云层的高度越来越低的时候，那就意味着要下雨了。

请你试着给高空中的气球或热气球拍照，同时将它的高度计算出来。

根据照片将塔的高度推算出来

【题】我们在测量云层和飞机的高度时，借助了照相机。同理，在测量地面建筑物的高度时，比如高塔、高压电杆、楼房等，我们也可以利用照相机。

如图3–19，这是一座风力发电站的照片，它的塔底是正方形，其边长为6米。请你在照片上经过必要的测量后，测算出这座风力发电机的高度。

图 3–19 风力发动机

【解】此图片中的风力发电机与现实中的风力发电机样子类似。所以，照片中机架高度与塔底对角线的比值应该就是现实中塔底和对角线的比值。

经测量可以得知：照片中底部对角线的长度约为23毫米，塔高约71毫米。

现实中塔底对角线的长度是$6\sqrt{2}\approx 8.48$（米）。

故根据比例式$\frac{71}{23}=\frac{h}{8.48}$，可得$h\approx 26$米。

这种方法当然不是对所有照片都适用的。一般的摄影者常常会在拍摄时出现照片变形的情况，此时，这个方法就不适用了。

练习题

请将下面的问题借助于我们在本章学过的内容来解答：

1. 如果我们是以12′的视角来观察一个中等身材（身高1.7米）的人时，我们和这个人之间的距离是多少呢？

2. 你观察一个骑马的人（总高度为2.2米），此时的视角是19′，这时你和骑马的人的距离是多少？

我们观察一根电线杆的视角是22′，已知这根电线杆是8米高，求电线杆与你之间的距离。

当我们在船上观察一个高42米的灯塔时视角为1°10′，船与灯塔的距离是多少？

在月球上观察地球时视角是1°54′，求月球与地球之间的距离。

如果我们观察一座大楼，距离2000米，视角为12′，那么大楼的高度是多少？

已知地球和月球之间的距离是380000千米，我们站在地球上观察月球的视角是30′，请问月球的直径是多少？

请问是否能用50倍的显微镜观察直径为0.007毫米的人体血球？

请问，我们需要用多大倍数的望远镜才能看到月球上和我们一样高的人？

每一度中有多少密位？

每一密位中有多少度？

有一架飞机在10秒内朝着我们观测的方向垂直向上飞过了300密位的角度，若飞机和我们之间的距离为2000米，请问，飞机的速度是多少？

名师点评

本章首先提到“视角”一词，文中提到“在不同的距离观察物体，视角都是不一样的”，其抽象成数学模型则为以眼睛为圆心（如图点O）、以距离物体的长度（线段OA）为半径的圆弧（劣弧AB），此时圆弧则为视线中的物体。而计算OA的长度，实为已知圆心角α及该圆心角所对的弧长AB，求圆的半径OA，则$OA=360\div\propto\cdot AB\div\pi\div2=\dfrac{360AB}{2\pi\propto}$。

例如：观察直径为9厘米的苹果，且视角为1°时，此时视线和苹果的距离则为：$0.09\times360\div2\div\pi\approx5$（米）。（文中所说的57倍，实际上就是$360\div2\div\pi$的取值）

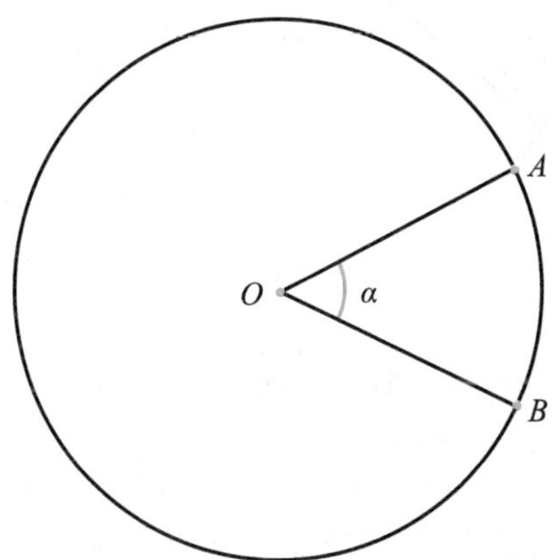

“活的测角仪”一节非常鲜活地列举了我们的5个手指在有关视角问题中的应用。以半截弯曲拇指的一半遮住火车一列车厢为例，此时

$\alpha=2°$，$AB=6m$，则人与列车之间的距离为$360\div2\times6\div2\div\pi\approx170$（米）。

“雅科夫测角仪”中提到正切值的问题，我们规定一个锐角α的正切值等于该角所在直角三角形中的对边与邻边的比值。以下图为例，想要测得两颗星星之间的角距$\angle A$，因为有$tan\angle A=\frac{CO}{AO}$，所以只需测出$CO$与$AO$的长度即可。

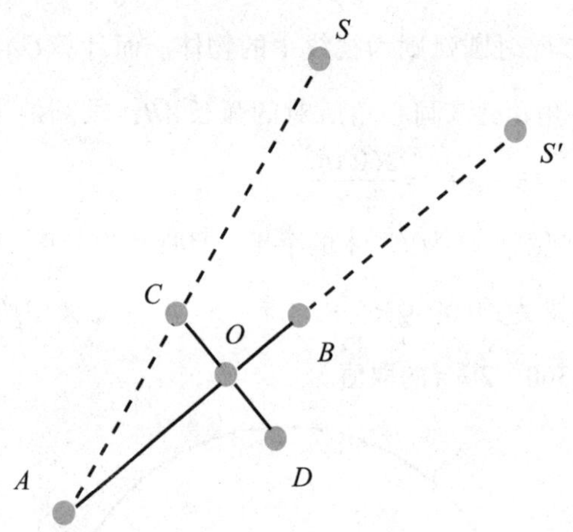

第四章 大路上的几何学

不知你是否清楚，大路上也有很多几何学的知识！实际上，不管是大山的坡度，还是弯道的半径，都可以被你目测出来。

步测距离的技巧

如果你恰好在公路或铁道边散步，那么，你就可以从中找到许多相当有意思的几何题目来练习。

通过道路，我们可以测定自己的步长和行走速度。只要掌握了这两个数值，随时随地测量一段长度就不是什么问题了。当然，要熟练掌握还需要多练几次。其中最重要的一点，就是保持步长相等，即步伐均匀。

在公路上每相隔100米的地方，我们大都能够看到一个里程标志，若尽量尝试用均匀步伐走完这段距离，那么要算出我们的步长长度就很容易了。这种测试一般每年做一次，最好是在春天，因为春天是每个人尤其是青少年的步长可能产生变化的时候。

此处根据大量测量结果，得出一个数据：普通成年人的平均步长大约为此人眼睛距离地面的高度的1/2。比如，一个人眼睛到地面的距离为140厘米，则他每步长度约为70厘米。若有兴趣，你也可亲自验证一下。

在知道自己的步长的同时，计算出自己的行走速度，即每小时能走多少千米也是非常重要的。对于这个问题也有相关的适用法则，即普通人每小时所走千米数，恰好与其3秒钟里行走的步数是相等的。

比如，一个人走4步需要花3秒钟，则表示此人行走速度为每小时4千米。值得注意的是，这条法则有个前提，就是要把步长控制在一定范围内，所幸这个步长范围很容易计算出来：

设x为步长，n为一个人三秒钟内行走的步数，则可得方程为：

$$3600/3 \times nx = n \times 1000$$

解得$x=5/6$（米）。

即大约为80 ~ 85厘米，算是不小的步伐了，也就身材高大的人才能迈出这样大的步伐来。如果你每一步不是80或85厘米，那就只能通过其他方式来计算行走速度了。比如，通过计时器记录走完一段距离的耗时数，以此计算出行走速度。

目测法

假如学会摆脱卷尺和步测法等工具和方法的帮助来测量距离的话，那是再愉快不过的事儿了。接下来我们将介绍一种新的测量法——目测法。只有在实践生活中不断练习，我们才能通过这种方法得到比较满意的结果。

记得学生时代夏季郊游的时候，我和朋友们经常试验这种方法，也经常以此比赛——即比较大家目测的精准度。我们走上公路，以远处的大树或者其他相对明显的建筑物为标杆，来比较目测的精准度，开始我们的竞赛。

“大概需要多少步才能到那棵大树呢？”其中一位同学问。

其他人都会把自己心中预估的数字说出来，然后一起计算步数，比较之间谁更加接近正确答案，那么此人为胜者，同时由此人指定下一个待测物品。每次估值最准的那个人就能获得一分。游戏进行十轮之后，统计下大家的分数：分数最高的就是本次竞赛的胜者。

至今，我还清楚地记得，起初大家进行估算时，估值与实际距离之间有不小的差距。但没过多久，随着时间的推移，我们对目测技术的使用熟练程度越来越高，误差也越来越小。不过得注意一点，在面临测量地形发生显著改变的时候，如从旷野过渡到稀疏的树林或者带有灌木丛的草原，或是尘土飞扬、拥挤狭窄的街道，再或是有朦胧月色的夜晚，此刻的误差会增大。慢慢地，我们也会熟练掌握这种在复杂环境下的目测法，并达到高精准度的要求。再然后，我们目测距离的能力会上升到一个较高的境界，导致不得不取消这种竞赛，原因在于人与人之间预估的结果都相当精确，竞赛失去了它一开始设立的意义。

尽管取消了比赛，但我们每个人都锻炼出精准目测距离的能力，方便我们解决今后旅游中可能会面对的许多问题。

有趣的是，这项目测能力与我们的视力之间却没有必然联系。记得当时，我有一个近视眼的同学，他的目测能力丝毫没有受此影响而落后他人，反而是接连取得比赛胜利。与此相反的是，有一位视力正常的同学，在目测距离方面却没办法给出精准的答案。这个情况同样适用于目测树木高度方面。

读大学的时候，我时常和朋友们一起目测树木高度（只不过这是后来工作需要，而不是游戏），在这个过程中，我观察到，近视的朋友在目测技术上一点不比视力正常的人差。所以说，有近视的朋友可以放心：就算你的视力不好，只要努力训练，依然可以拥有一双非常锐利的眼睛。

无论在怎样的季节或遇到怎样的情况，我们都可以练习这项目测技术。当你行走在公路上时，可以随时给自己设置各种各样的目测题目，来练习自身能力。比如，你可以估测你到前边路灯的距离，也可以估测到其他显著物品之间的距离。假如天气不好，路上行人又不是很多，那么这种练习或许可以为你带来不少乐趣。对于部队里的军人来说，这项能力要求的标准更高。任何一名侦察兵、射手、炮手都需要有这样良好的目测能力。所以，他们在部队里那些经常使用的目测方法都可以为我们所用。以下，是记录在炮兵教程里边的几段话：

我们可以通过所观察物体的清晰度以及大小来测定距离：物体随着距离的不同，其清晰程度也随着变化，在100～200步以内，物体看起来随着距离加大而变小。通过清晰度来判定距离时需要注意的是：一切比较显眼的物体，相对而言都显得大一些。比如，受良好光线照射的、颜色相对于周围更加鲜艳的、位置相对较高的或者是成群成组的物体，等等。

通过物体大小来判定距离时需要注意：在50步内，可以清楚地辨认出别人的眼睛和嘴巴；100步内，人的双眼就像一对小黑点一样；200步内，军装上边的纽扣以及小物件等仍可辨识；300步内，基本可以辨认出脸庞；400步内，人的步伐可以看清；500步内，能够认清制服颜色。

在实际的观察过程中，即便是视力最好的人，其观察结果仍可能有10%左右的误差存在。

在有些情况下，我们的观测结果会存在较大的误差。原因有二：

一是当你在完全同一色彩的平坦地面上进行目测时，你估计的距离总比实际的距离小，而此结果常常会有一倍的误差，甚至比一倍还多。比如，在河流或湖泊的平静水面上、平坦的沙漠上、长满青草的草原上。

二是当其他物体将你要观察的物体的下半部分遮盖住后，你也极易产生误差。在此种情况下，我们的双眼会不由自主地认为被遮挡的物体的上面正好是我们要观察的物体，而不是后面。如图4-1和图4-2，所以我们目测的距离常常小于实际距离。

若遇到以上情形，这种目测的方法就不可能适用了。

图4-1　丘陵后面的一棵树，看起来很近

图4-2　你爬上丘陵顶上后，发现还得走许多路才能到达这棵大树

坡度

若沿着铁轨前行，你不但可以发现带有公里指示标志的标志牌，还可以看到一些矮桩。它们的上面还有一些小牌，小牌的上面还有一些令人不解其意的数字，比如图4–3。

实际上，这些牌子就是“坡度标志”。如图4–3中最左边的牌子，其上横线上的数字表示的就是坡度，它表示此段铁路的坡度是0.002，即铁轨每段延伸1000毫米，铁轨就上升或下降2毫米，不过，究竟是上升还是下降就要看当时的倾斜方向了；横线上的数字140则表示这段铁路在140米的距离内都要保持此坡度。倘若在这段距离的尽头，我们看到了如图4–3中的右图，这就说明在55米的距离内，路轨每米要升高或降低6毫米。

明白了这些标志牌的意义后，我们就能轻松地将这段距离两端的高度差计算出来了。左图的高度差如下：

$$0.002\times140=0.28(\text{米})$$

右图的高度差如下：

$$0.006\times55=0.33(\text{米})$$

由此我们可知，铁路设计者并非借助度数来表示铁轨的坡度。倘若想将它们化为整数，这也是很容易的事情。如图4–3中的铁轨 AB，BC 是此段路基的高度差，指示牌上的标志就是铁轨 AB 和水平直线 AC 的比值。这时由于角 A 相当小，AB 和 AC 就可以将其看作同一个圆的半径，BC 就是角 A 所对的圆弧。

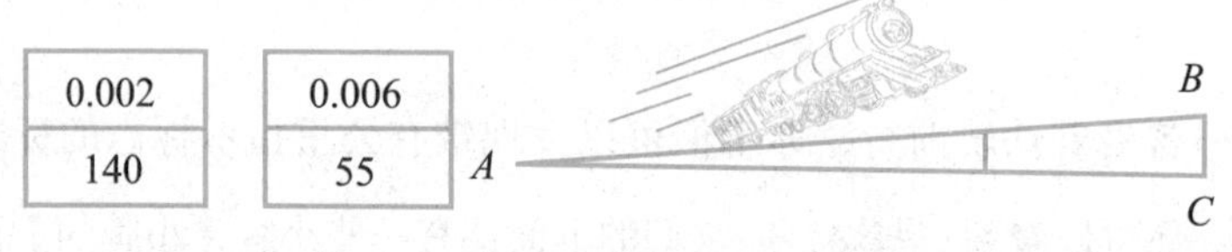

图 4–3 坡度标志

知道了 BC 和 AB 的比值，接下来我们计算一下，用角度来表示0.002的坡度应该是多少呢？

当弧长为半径1/57时，此时角度等于1°，那么半径的0.002倍的弧长应该是多少度呢？设定这个角度是 x，经过计算，x 大约等于7′。

$$x : 1°=0.002 : \frac{1}{57}$$

得x=0.11°，即大约7′。

铁路上所允许的最大坡度为0.008，若换算成角度为0.008×57，也就是稍低于0.5°，所以这个半度成为铁路坡度的最大极限。然而由于地形的原因，有些铁路的坡度极限为0.025，换成角度的话大致为1.5°。

当人类行走时，只有当地面坡度大于1/24时，我们才能感受到路面的倾斜，而像铁路的坡度，我们人类是完全觉察不到的。如果把人类的最低感觉坡度1/24换算成角度的话，大约等于2.5°。

假如你顺着铁路行进好几千米，同时记录下一路上的坡度标志，借此我们就可以计算出起点与终点之间的高低差了。

【题】顺着铁路散步时，沿着一块标志有升高0.004/153的坡度牌走，沿途记下如下的坡度标志：

平	升	升	平	降
$\frac{0.000}{60}$	$\frac{0.0017}{84}$	$\frac{0.0032}{121}$	$\frac{0.000}{45}$	$\frac{0.004}{210}$

依次记录这些标志牌，在走完最后一个坡度段后结束这段路程。请问，在你行走的距离内，起点和终点的高度差是多少？

【解】行走的路程可得：153+60+84+121+45+210=673（米）

上升的高度为：0.004×153+0.0017×84+0.0032×121≈1.14（米）

下降的高度为：0.004×210=0.84（米）

故终点和起点之间的高度差为：1.14−0.84=0.3（米）

碎石堆

有时，公路边的一堆一堆的石子也会引起我们这些“户外的几何学家”的兴趣。我们会想，面前这堆石子的体积是多少？这个问题相当难解，即便是那些习惯于在纸上或黑板上计算数学难题的人，也要颇费一些脑筋。因为我们要计算一个圆锥的体积，不过它的高和底面积却不能直接量出来。因为直接测量的方法并不可行，那么我们就可以用间接的方法。

我们先将石子的地面周长用皮尺或绳子测量出来，然后根据圆周的计算公式可以求得地面圆的半径，即周长除以6.18。

求高的时候就比较麻烦，因为我们必须要将侧高*AB*量出来，如图4–4，或者和道路工人们用同样的方法，就是一次量出圆锥两边的侧高线*AB*的长度。因为地面的半径已经知道了，依据勾股定理，我们就可以将圆锥的度*BD*求出来了。

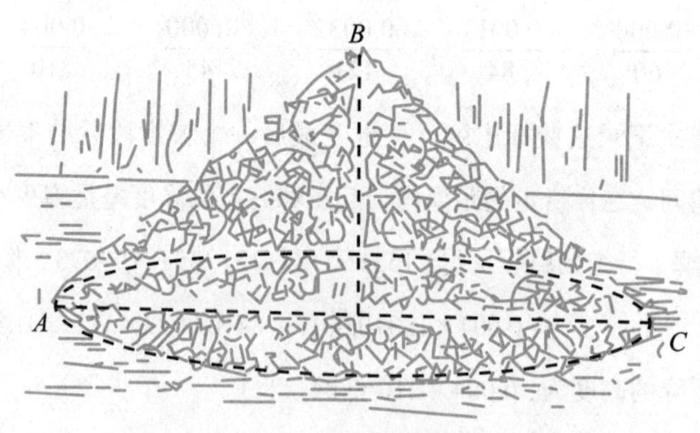

图 4–4 一堆碎石

接下来，我们看一道题：

【题】一堆圆锥形的石子，已知其底面周长是12.1米，两边的侧高是4.6米，这堆石子的体积是多少？

【解】石子的地面半径是：12.1×0.159（代替$12.1\div6.28$）≈1.9（米）

堆高是：$\sqrt{2.3^2-1.9^2}\approx1.2$（米）

所以，这堆石子的体积是：$\frac{1}{3}\times3.14\times1.9^2\times1.2\approx4.5$（立方米）

“骄人的山冈”

你是否阅读过《吝啬骑士》这本书？它是俄罗斯作家普希金的一本诗剧，内容是叙述东方民族故事的。其中有这样一段：

曾记得，我读过，
皇帝令他的士兵，
每人抓一把土堆成一个土丘，
于是，骄人的山冈耸立出来，
皇帝站在高冈上可见那土丘，
山谷被白色的天幕覆盖，
如同前行于海洋上的轮船。

这就如同一个真实的传说，而这其中最没有科学依据的，就是关于高冈的部分。我们可以用点几何学的知识加以证明。如果真有这样的一位皇帝想将这种想法变为现实，那他注定要为这个想法而难过了。因为结果是在他面前的所谓的高冈，只不过是一个可怜的小土堆，小到所有人都无法将它与“骄人的山冈”相提并论。

让我们来进行估算：古代皇帝手中的士兵人数是多少呢？当时的军队不可能与现代的军队相比。在古代，倘若一位皇帝有10万人马，那就绝对是一支了不起的大军。我们就设定这位皇帝有10万大军，这个山冈是由这支10万大军用土堆成的。不管我们怎样抓土，所抓的土也不可能有多少。我们再假定每个士兵可以抓1/5的土，那么土堆的体积如下：

$$\frac{1}{5}\times 100000=20000(\text{升})=20(\text{立方米})$$

换言之，这个土堆的体积不会超过20立方米。这是多么让人失望的结果。若我们要计算这个土堆的高度，其实是一件相当简单的事儿。为了将这个圆锥体的高度求出来，我们就要将侧边和地面的夹角求出来。我们可以将这个角度视为45°，此角度就是自然界形成土堆的角度，不会有比它更大的角度了。理由是高处的土会向下滑落，其实更加合理的角度应该再小一些。此时，土堆的高度恰好与地面半径一样。所以：

土堆体积为：$\frac{\pi x^3}{3}=20(\text{立方米})$

人体高度的一倍半（2.7米高）的小土丘，却让我们将其想象成一座“骄人的山冈”实在是难为人的想象力呀。倘若我们将其侧边和地面的夹角取得再小一些的话，恐怕那个高度就更让人无法接受了。

阿提拉王是古代的一位匈奴皇帝。他拥有的士兵可以说是最多的了。然而，据历史学家估计，他也不过只有70万大军。倘若我们让这支70万大军参与到这项行动中，那么这个土堆会有多高呢?

让我们设想一下，恐怕也不会太高，也就比之前的土堆略高一点儿。原因不过是由于两土丘半径比的三次方才是土丘的体积比。因此，这个土丘的高度为2.7和1.9的乘积，约5.1米。对于一向爱慕虚荣的阿提拉王来说，这无异是对他的藐视。

倘若我们站在这样的土丘上看远处，当然可以看到被白色天幕覆盖的山峦，不过如果想看到大海，就只能将土丘移到海边才行。

那么究竟在不同的高度上，我们能看到多远呢？我们以后再来解决这个问题。

路的转弯处

不管是铁路或是公路，都不存在急转弯，总是从一个方向朝另一个方向缓缓地前进。这个转弯的曲线，通常是和它两端的直线相切的一个圆的圆弧。如图4-5，在这个图中，公路AB和CD的两段直线和转弯的弧线BC的相切点为B和C。即半径OB和AB垂直，

半径 OC 和 CD 垂直。如此做的目的就是为了让线段从直线方向上平缓地转向曲线的方向，然后从曲线的方向转向直线的方向。

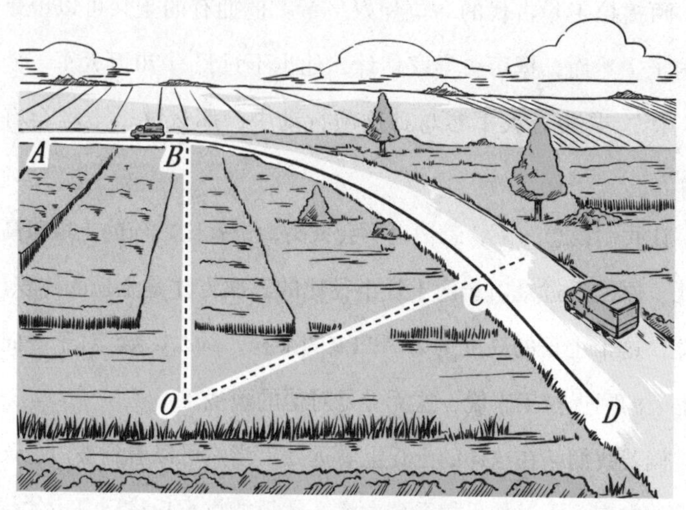

图 4–5 公路的转弯

相对来说，道路转弯半径通常都相当大，如铁路的转弯半径通常大于或等于600米，主要的铁路干线中，最常见的转弯半径是1000米，最大的可以达到2000米。

弯道的半径

若你处于一处转弯公路旁，试问你能否将这个弯道的半径计算出来？

这个问题有一定的难度，要比求已做好的图纸中的圆弧的半径要难。在图中，我们可以相当迅速地将圆弧的半径解出来，那就是在圆弧上任意做两条不平行的弦，然后取两弧中点各做一条垂线，此时垂线的交点就是圆心。从圆心到圆弧上的任意一点的长度即半径长度。

若你想在现实中将这样的一个图画出来，那是相当麻烦的。理由是这个弯道的中心常常在转弯处的1到2千米处。有的时候，我们甚至不能到达。倘若你想将这个曲线图绘在图纸上，那就更不是一个理智的决定了。

倘若我们不做图，却利用已经推导出的公式来计算半径，那就是一件相当轻松的事情了。让我们来看下面的过程：

假设，我们已经在如图4–6所示的图纸上绘制了实际弯道按一定比例的图片，在这个弧上任取C和D两点并连起来，然后将CD的长度测出来。同时作直线EF和CD垂直，F为CD的中点，EF与CD交于点E。再测出EF的长度。在得到上述数据后，我们就可以将半径计算出来了。假设CD的长度是a，EF的长度是h，半径为R。依据相交弦定理：

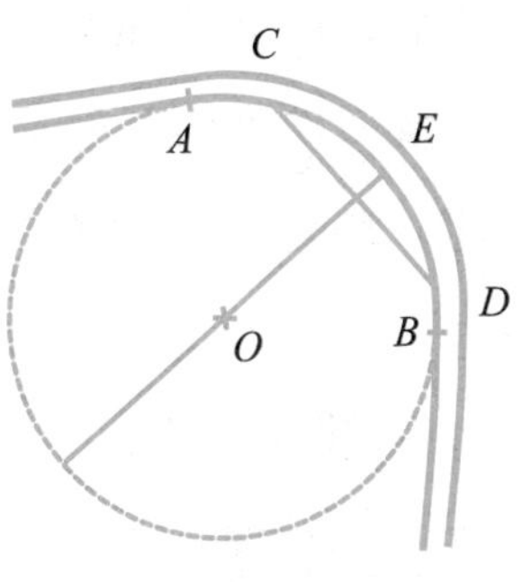

图 4–6　弯道半径计算

$$\frac{a^2}{4}=h(2R-h)$$

求得：$R=\dfrac{a^2+4h^2}{8h}$

设EF的长度为0.5米，CD弦的长度为48米，那么依据上面的公式可得：

$$R=\frac{48^2+4\times 0.5^2}{8\times 0.5}\approx 580\text{（米）}$$

倘若我们将$2R$用$2R-h$来代替，这一做法是可行的，理由是h要远远比R小。一般的情况下，R只是几百米，而h只有几米。这样一来，公式就可以化简为：

$$R=\frac{a^2}{8h}$$

倘若把上面求得的半径按这个公式去计算，那就得到了相同的结果：R为580米。

原因就是圆心位于弦中点的垂线上，在知道了半径的前提下，圆心就可以轻松地算出来。

若我们要测量的是铁轨的转弯半径，那就更加轻松了。只要借助于如图4–7所示的一根绳，将绳拉直，并让其与轨道内侧相切。如此一来我们就清楚了这根绳子的相对的矢长，因为它就像轨道之间的距离。

若铁路轨道的规格是1.52米，此种情况下，弯道的曲线半径就是a的弦的长度，即：

$$R=\frac{a^2}{8\times 1.52}\approx\frac{a^2}{12.2}$$

倘若a为120米，那么就可以求得弯道的半径约为1200米。

图 4–7 铁路弯路半径计算法

大洋的底

猛然之间由道路的转弯跳跃到海底，这个转变似乎过于强烈。对此，你或许无法理解。不过此二者之间却有着异乎寻常的内在联系。

在此，我们要谈的是海洋的弯曲度和海底的形状。它是向下凹陷的、平坦的，还是向上凸起的？对于这个问题，许多人会认为毫无意义，他们会问：这个占地球三分之二的海洋，它的海底难道不应该是向下凹陷的吗？不过，接下来的内容会让你明白海底不是向下凹陷的，相反却是向上凸起的。

通常我们会说，海洋是“无边无底的”，不过我们不曾想到的是它的“无边”要远大于“无底”。换言之，海洋就如同一个厚厚的水层，海底随着地球曲线的变化而发生着变化。

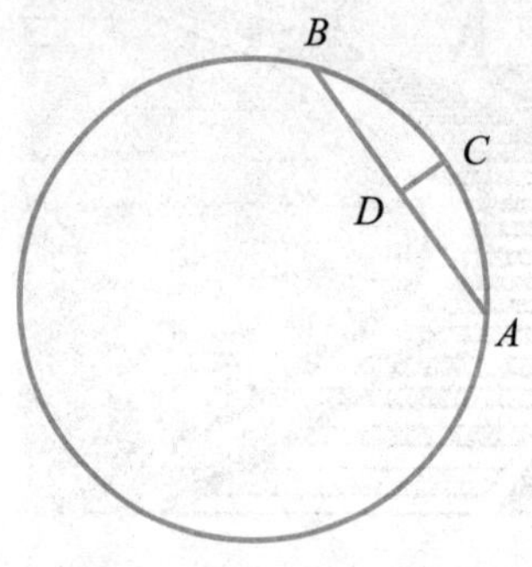

图 4–8 弯道半径计算

让我们以大西洋为例。众所周知，大西洋位于赤道附近的宽度差不多是赤道的六分之一，如图4–8中的圆周就表示赤道，弧*ACB*就是大西洋的表面。大西洋的海底是平的，它的深底是*CD*，即弧*ACB*的矢长。因为弧*ACB*的长度是已知的，即为赤道周长的六分之一，那么弦*AB*的长度就可以求得，即弦*AB*作为圆的一个内切六边形，其边长与半径相等。所以我们只要利用上节中了解到的公式就可以将*CD*的长度求得。

由：

$$R=\frac{a^2}{8h}$$

求得：

$$h=\frac{a^2}{8R}$$

已知R等于a，地球的半径是6400千米，那么：

$$h=\frac{R}{8}=\frac{6400}{8}=800（千米）$$

由上面的推算可知，大西洋的最深处深度为800千米。不过，事实上，大西洋的最深度还不到10千米。因此我们可以推知：海底是向上凸起的，不过凸起的程度要比水面小。

其他的大洋也是同样的道理。它们的海底在地球表面上还是略微凸起的。不过总体来说，它们不曾对地球的形状造成影响。

我们由刚才的公式可知，海面宽度越宽，其海底的弯曲程度越大。仔细看一下公式$h=\frac{a^2}{8R}$，我们就会发现，随着海平面的宽度增加的同时，海洋的深度也在相应飞快地增加，而且应该和海面的阔度的平方成正比。

实际上，小海面的大洋的深度变换的角度并不比大平面上的大洋小多少。

假设一个海面要比另外一个海面开阔百倍，则更大海面的大洋，它的深度绝对不到小海面大洋的一万倍。由此可得，海面较小的海底应该是更加平坦一些。

比如，克里米亚和小亚细亚之间的黑海海底就不像一般带有凸起海底的大洋那样，而是略微向下凹的样子。黑海的海面大致上呈2°的弧面（确切来说为地球圆周的1/170）。黑海的深度比较均匀，约是2.2千米。假如我们将弧线和弦相比，设黑海海底是平的，就可以知道，黑海的最大深度是$h=\frac{40000^2}{170^2\times 8R}\approx 1.1$（千米）。

也就说明：其实黑海的海底是向下凹的，而不是凸起的。

"水山"真的存在吗?

以下这个话题也可以通过刚才的公式来进行解答。

其实通过上述的运算，我们已经得到答案，即“水山”是存在的，但现在只能从几何学角度去理解它的“存在”，而非从物理学的角度考量。不仅是一个海，乃至一个湖泊都可以称作“水山”。当站在湖边的时候，此处到对岸之间的水面是凸起的，湖面越大，则凸起高度越大，此时你也越难看到对岸。而这个凸起的高度也可以通过上述公式计算得出。

假设a是两岸的直线距离，此处可以用湖面的宽度来代替。假如湖面的宽度是100千米，那么“水山”的高度为：$h=\frac{a^2}{8R}\approx 200$米。

这个“水山”是多么高啊!

对于一个湖面宽度为10千米的小湖泊来说，它的高度也能达到2米左右的水平，这比一名普通人都要高。对此我们能称其为“水山”吗?

事实上，倘若从物理学的角度来分析，这是不正确的。所以，这些凸起并不曾比水平面高，因此它们只能称为“平原”。

若你认为图4–9中的AB是水平线、弧ACB比水平线高，那你就错得离谱了。

这里的水平线是弧ACB，而非直线AB，水平线和静止的水面是合二为一的。而ADB是相对水平面的一条倾斜的线，倘若我们如ADB线段所示将一个管子安装上，那么这根管子应该是从A点斜插入地面，直插到最深处的D点，然后再回到地面的B点。

若我们在A点放一个球，那么这个球一定会滑到D点去，而且速度不断提高；经过D点又滑向B点，速度不断变小。倘若管子内壁如我们所愿的那样光滑，即无摩擦力的存在，那么小球就会在A、B两点之间来回滑动。

因此，在几何学上，ABC就如同一座“山”；而在物理学上，它就如同一块平地。若一定要将它说成是一座山，那只能在纯粹的几何学上使用。

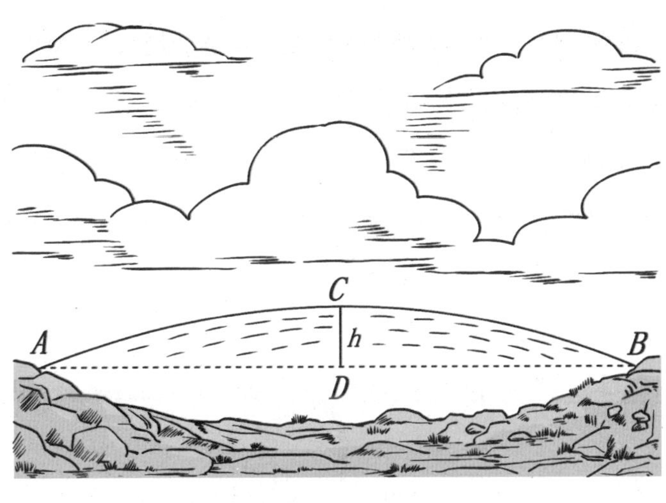

图 4–9 “水山”

名家点评

在“坡度标志”中，上横线上的数字a表示铁轨每延伸1米高度就变化a米，横线上的数字b表示这段铁路在b米的距离内都要保持此坡度。

此时两端的高度差=$a \times b$。

在第3章中，我们提到过当圆心角为1°时，所对的弧长为半径的1/57。所以当坡度为x°时，所对的弧长则为半径的1/57x。

“碎石堆”一节涉及对圆锥相关知识的了解。以下图为例，因为沙堆的局限性，我们方便测量的是底面圆的周长c和侧面母线（母线即为文中所说的侧高线）长为$AB=x$，要想求出该圆锥的体积，根据圆锥体积公式 $\frac{1}{3}S_{底} \times h=\frac{1}{3}\pi r^2 \times h$，只需求出底面半径$AD$和高线$BD$即可。

半径$AD=\frac{2c}{\pi}$，高$BD=\sqrt{AB^2-AD^2}=x^2-\frac{4c^2}{\pi^2}$。

所以$\frac{1}{3}\pi \times \frac{4c^2}{\pi^2} \times \sqrt{x^2-\frac{4c^2}{\pi^2}}$。

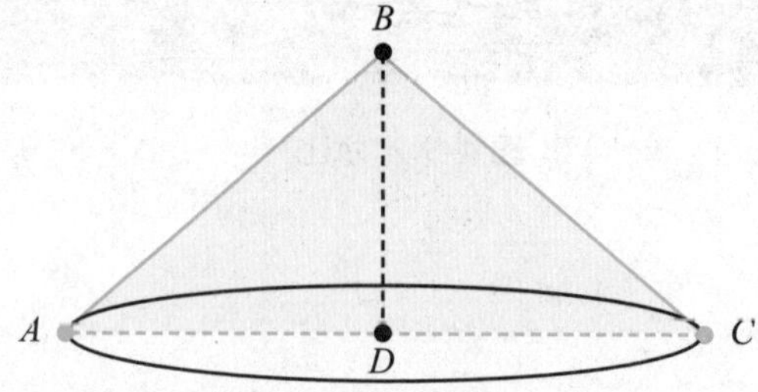

“骄人的山岗”也是用到了圆锥的体积公式，不再赘述。

“弯道的半径”一节是对圆的相关知识的应用。我们知道，垂直且平分一条弦的直线必定经过圆心，即如图中的 CO 与 OE 均为圆的半径，且 O 点为圆心。根据已知条件 $CD=a$，$EF=h$，半径为 R，所以在 $Rt\triangle COF$ 中，根据勾股定理不难得到 $R=(R-h)^2+(R-h)+(\frac{a}{2})^2$，整理得 $\frac{a^2+4h^2}{8h}$。根据此公式，便可很容易求出弯道半径。

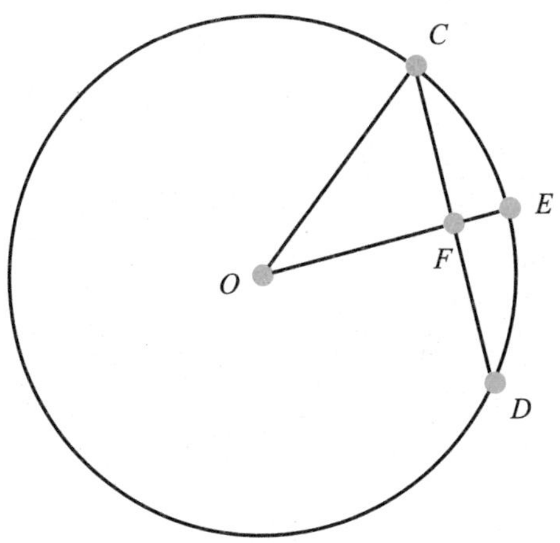

第五章 不用公式和函数表的旅游三角学

人在旅途，你是否遇到过这样的问题：怎么计算小岛的距离呢？实际上，要想解决这个问题，根本无须借助任何公式和函数表。

计算正弦

在本章，我将向读者介绍一些新的知识，你无须借助于公式和函数表，只需利用正弦函数就可以求得随便一个三角形的相关参数。这其中包括误差不大于2%的三角形的边长，以及误差不大于1°的三角形的内角。这种简约三角形可以在你到野外郊游时，在没有携带函数表、相关的公式又差不多忘光的情况下使用。

提到鲁滨孙，差不多所有的人都知道。简约三角形的知识就曾被他在荒岛上利用过。

若你不曾学过三角函数或已将其抛之脑后，那么我们就要先来认识一下锐角的正弦函数。换言之，在一个直角三角形中，此锐角正弦值等于此角的对边和斜边的比值。如图5–1，a角的正弦函数是BC和AB的比值，或ED和AD的比值，或$D'E'$和AC'的比值，或$B'C'$和AC'的比值。根据相似三角形的原理，我们由此可知这些比值应该是相等的。

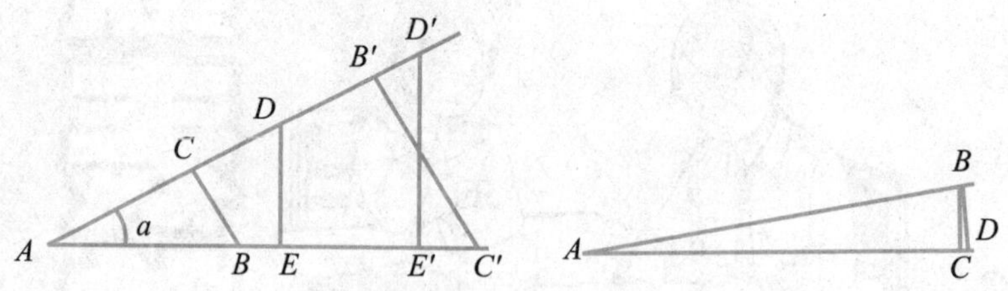

图 5–1 锐角的正弦函数

当我们身上没有函数表时，如何得知从1°到90°的任何一个角的正弦函数值呢？方法相当容易，那就是我们自己亲手制作一下正弦函数表。下面我们就来了解这个做法。

我们先从比较好做的正弦值的角度开始。第一步，我们先做90°角，它的正弦函数值显而易见是1。接下来，我们看45°角的正弦函数值。由勾股定理可知，45°角的正弦函数值为$\frac{\sqrt{2}}{2}$，大约是0.707。

接下来，让我们一起计算30°的正弦函数，理由是30°所对的边和斜线的一半恰好相等。也正是由于这个原因，30°的正弦函数等于0.5。

通过演算，我们得到三个角度的正弦函数值的结果。在几何学语言里，以*sin*表示正弦函数：

$$sin30°=0.5$$

$$sin45° \approx 0.707$$

$$sin90°=1$$

但仅仅知道这三个角度的正弦函数值是不够的，这其中各个角度（最少每隔一度）的正弦值也是我们应该得知的。

现在，我们可以通过下面的方法计算小角度的正弦值：当角度很小时，可以利用角度所对的弧长和半径之间的比值来代替这个角度的正弦值，所存在的误差是在合理范围内的。从图5–1中可知：$\frac{BC}{AB}$的值基本等于$\frac{BD}{AD}$的值，同时$\frac{BD}{AD}$的值计算起来比较容易。比如，1°的角所对应的弧长为$2\pi R/360$，所以可得：$sin1°=\frac{2\pi R}{360R}=\frac{\pi}{180}\approx 0.0175$。

同样，我们可以计算出：

$$sin2^\circ \approx 0.0349$$

$$sin3^\circ \approx 0.0524$$

$$sin4^\circ \approx 0.0698$$

$$sin5^\circ \approx 0.0873$$

不过通过这种方法来计算正弦值，存在角度限制的不足，即该方法并不适用于所有的角度，假如角度太大，误差也会很大。

通过这种方法计算出30°的正弦值为0.524而非0.5，这时就存在24/500的误差，大约为5%。这在要求不是很严格的行军三角学中也是不允许存在的。

那么这个方法适用范围是怎样呢？我们不妨先寻找一个精确的方法来计算出$sin15^\circ$的结果。下面我们将通过做一个比较容易理解的图（图5-2）来得出这个结果。

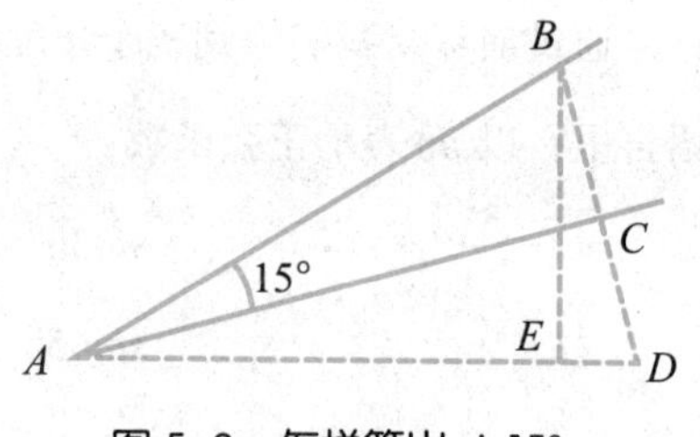

图 5-2　怎样算出 sin15°

首先，作出15°的角BAC，BC垂直于AC，同时延长BC至D点，并保证$BC=CD$，再作BE垂直AD于E点。那么，$sin15^\circ$就等于BC和AB的比值。由图中我们看到角BAD是30°，因此$AB=2BE$。

再依据勾股定理可知：

$$AE^2=AB^2-(\frac{AB}{2})^2=\frac{3}{4}AB^2$$

$$AE=\frac{AB}{2}\sqrt{3}\approx 0.866AB$$

因此，ED等于$AD-AE$，等于$AB-0.866AB$，等于$0.134AB$。由于$BD^2=BE^2+ED^2$，所以BD等于$0.518AB$。

所以BC等于$0.58BD$，等于$0.259AB$。故：

$$sin15°=\frac{BC}{AB}=\frac{0.259AB}{AB}=0.259$$

通过前面的方法，我们将$sin15°$等于0.259的结果计算出来了，若将上述结果保留两位有效数字，那就是0.26。用0.26来代替精确值0.259，误差就只有千分之一，即差不多为0.4%。这样小的误差就是在军队也是允许的。所以，上述方法的运用角度范围是1°到15°。

15°和30°的各角度的正弦值应该如何计算呢?

我们可以借助于比例来计算。我们可以进行下面的思考：$sin15°$和$sin30°$的差值等于0.5和0.26的差，即0.24。若我们设想角度在增加，正弦值也随之成比例增加，即每角度增加1°，其正弦值就会增加0.14的十五分之一。

这种方法肯定不够精确。不过此方法所引起的误差只能产生在第三位数字上。而在通常的情况下，我们只要将正弦值保留两位数字，这种方法就可行。于是我们就可以得到16°、17°、18°的正弦值了。

$sin16° \quad =0.26+0.016 \approx 0.28$

$sin17° \quad =0.26+0.032 \approx 0.29$

$sin18° \quad =0.26+0.048 \approx 0.31$

……

$sin25° \quad =0.26+0.16=0.42$

……

以上角度的正弦值的前两位都是相当精确的，而且满足我们的需要。它们的最大误差不过是0.005。

由以上方法，我们可以将30°到45°各角正弦值求得，而且误差也相当小。$sin45°-sin30°=0.707-0.5=0.207$，将这个差值除以15，得到0.014。再由上述方法求得：

$sin31° =0.5+0.014 \approx 0.51$

$sin32° =0.5+0.028 \approx 0.53$

……

$sin40° =0.5+0.14=0.64$

……

于是，就只剩下45°以上的角度的正弦值。不过，上面的方法就不适合了，我们就得借助于勾股定理。比如，我们想计算53°角的正弦值。如图5-3，那就是BC和AB的比值。由于角B是37°，那么$sin37°=0.5+7 \times 0.041 \approx 0.8=\frac{AC}{AB}$，也就是$AC=0.8AB$。

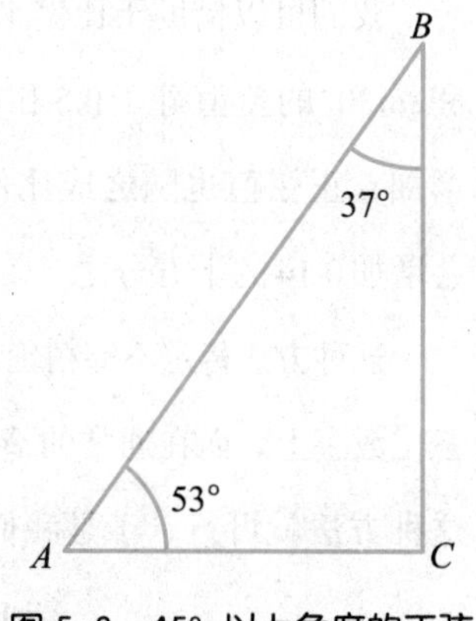

图5-3　45° 以上角度的正弦函数值的计算

由勾股定理可知：$BC=\sqrt{AB^2-AC^2}$

因此：$sin53°=0.8AB/AB=0.8$

由此可见，只要掌握了开平方的方法，我们就可以轻松解决上述问题。

开平方根

估计你现在很难想起代数课上老师传授的开平方的方法了吧？那么，有没有其他方法能够开出平方呢？

在几何学中，这个问题可以由一个旧的简约方法来解决。以下，我将介绍这个比代数书上的思路简单得多的解题方法。

倘若要将13开平方，那么我们的答案应该处于3和4之间。设13的平方根是3+x，即：$\sqrt{13}$ 13=3+x。在这里，x是一个比1小的数字。

将上式的两边平方，得到：$13=9+6x+x^2$

由于x^2是一个相当小的分数，所以可以将它忽略不计。于是上式就成了：

$$13=9+6x$$

得$x=\frac{2}{3}\approx 0.67$

即13的开平方的结果是近似于3.67。若还想结果更精确些，我们就可以利用上面的方法来求解。

设$\sqrt{13}$ $13=3\frac{2}{3}+y$，将式子的两边平方后得：

$$13=\frac{121}{9}+\frac{22}{9}y+y^2$$

$$y\approx -0.06$$

所以，$\sqrt{13}=3.67-0.06=3.61$。

要继续求解更加精确的值，我们可以用同样的方法得出。

根据正弦求角度

由前面的知识，我们清楚了如何将0°到90°角的正弦值求出来，而且是每个角度的带两位小数的正弦函数值。以后倘若遇到想知道某个角度的正弦值的近似值时，我们就无须借助于三角函数表了。

我们已经知道了由角度可以算出正弦值，不过有时候，我们知道了正弦值，还要由正弦值求得角度。不过，这很简单。比如某个角的正弦值是0.38，求这个角的度数。由于上面的30°角的正弦值是0.5、15°角的正弦值是0.26，所以所求角度应该是小于30°，大于15°。为了将这个角度求出来，我们可以借助于15°和30°角的正弦值来求解。

$$0.38-0.26=0.12$$

$$\frac{0.12}{0.016}=7.5^\circ$$

$$15^\circ+7.5^\circ=22.5^\circ$$

所以结果应该是22.5°。

再来看一个例子：某个角的正弦值是0.62，求此角度的大小。

$$0.62-0.5=0.12$$

$$\frac{0.12}{0.014}\approx 8.6^\circ$$

$$30^\circ+8.6^\circ=38.6^\circ$$

即此角度为38.6°。

来看第三道题：某个角度的正弦值是0.91，求该角度的大小。

由于0.91比0.71大，比1小，因此角度应该在45°和90°之间。如图5–4，倘若AB=1，角A正弦值就等于0.91，由勾股定理可知：

$$AC^2=1-BC^2=1-0.91^2=1-0.83=0.17$$

$$AC=\sqrt{0.17}=0.42$$

即角B的正弦值等于0.42。倘若可以将角B的大小求得，角A的大小就相当容易地算出来了。那就是90°减去B。理由是角B的正弦值大于0.26，小于0.5。

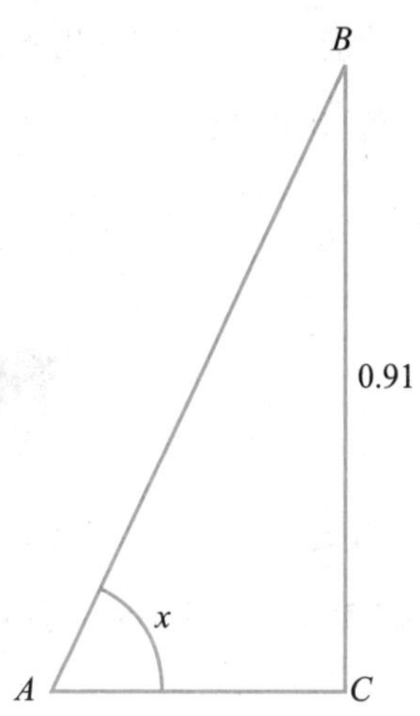

图 5–4　从正弦函数求角度

因此角B应该位于15°到30°之间。

$$0.42-0.26=0.16$$

$$\frac{0.16}{0.016}=10°$$

$\angle B$=15°+10°=25°

因此：$\angle A$=90°−25°=65°

到此，我们已经将近似三角学问题的方法基本掌握，原因是我们不但可以由角度求正弦值，也可以由正弦值求角度的大小。而且这个方法的精确程度高到可以用于军队的使用。

是不是我们只要掌握了正弦函数就可以了呢？我们是不是需要将余弦、正切或其他三角函数掌握呢？

接下来，我们举几个例子，只需借助于正弦值就可以将简单的三角问题解决了。

太阳的角度

【题】 杆AB高4.2米，量得在太阳的照射下，它的阴影BC的长为6.5米，如图5–5。请你将太阳在地平面的角度，即角C的度数求得。

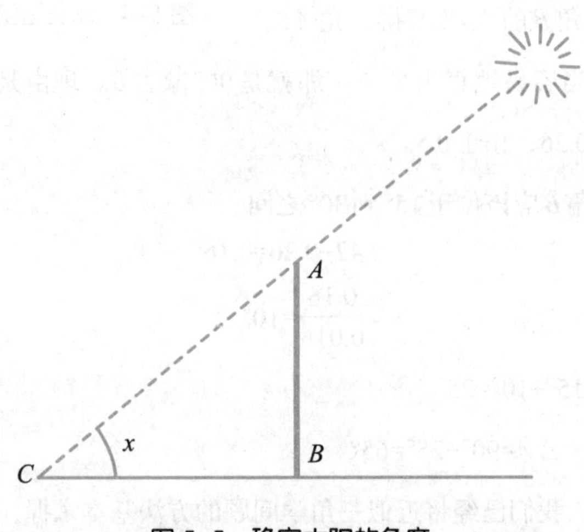

图5–5 确定太阳的角度

【解】 由于AB=4.2米，BC等于6.5米，由勾股定理可知：

$$AC=\sqrt{AB^2+BC^2}=7.74$$

因此，角C的正弦值为：

$$\frac{AB}{AC}=\frac{4.2}{7.74}\approx 0.54$$

由前面所介绍的求解方法，可知角C差不多是33°。那么太阳的角度差不多就是33°，精确到0.5°。

小岛的距离

【题】当你于河边散步，你发现自己的前方有一座小岛A，如图5-6。于是你想计算岸边B点到小岛A点的距离，而此时你的身上只有一个指南针。你可以采用下面的方法：

第一步就是用指南针测出角ABN的度数，即直线BA和南北方向的SN的夹角。第二步就是测量出BC的长度和角CBN的大小。

第三步就是在C点做同样的工作。然后，你就可以得到如下数据：

BA线是从SN线偏东52°

BA线是从SN线偏东110°

CA线是从SN线偏东27°

BC=187米。

请你用上述数据将AB的长度计算出来。

【解】通过上述数据我们已知：BC的长度，角ABC=110° - 52° =58°，角ACB=43°。通过已知数据做出（图5-6）AC边的高BD。由于角BCA=43°，通过前面所述方法得$sin43°$=0.68，又由于

$sinBCA=\frac{BD}{187}$，所以$BD=187\times0.68=127$；由于角$A=180°-58°-43°=79°$，所以角ABD为11°。根据上述求法可知$sin11°=0.19=\frac{AD}{AB}$，由于$AB^2=BD^2+AD^2$，根据上述各式可求得$AB\approx129$米。

故B点到小岛A点的距离大约是129米。

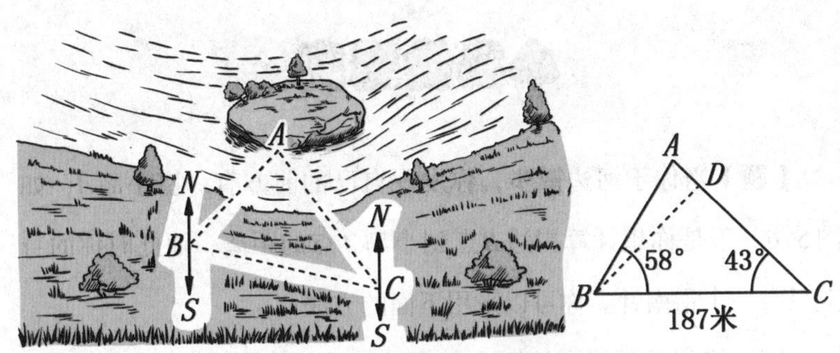

图 5–6 怎样算出小岛的距离

湖泊的宽度

【题】假设我们要得出图5–7中湖AB的宽度数值，已知条件有：CA线偏西21°，CB线偏东22°，而且BC长为68米，AC长为35米。

【解】对于三角形ABC，目前已知$\angle ACB=21°+22°=43°$，以及组成这个角的两条边的长度，分别为68米和35米。现在，作出这个三角形的一条高AD，可以得到：$sin43°=\frac{AD}{AC}$。经过计算，$sin43°$

的值为0.68，就是说 $\frac{AD}{AC}=0.68$，那么 $AD=0.68\times35\approx24$。

接下来，我们再计算下 CD：

$$CD^2=AC^2-AD^2=35^2-24^2=649$$

则 $CD=25.5$。

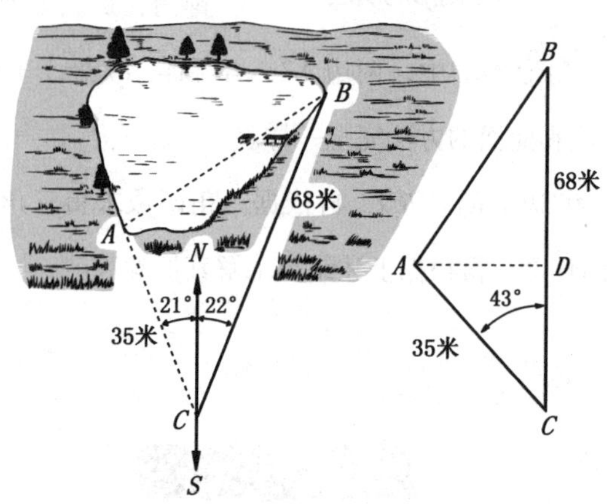

图 5-7　湖宽的求法

所以 $BD=BC-CD=42.5$。由于 $AB^2=AD^2+BD^2$，得 $AB\approx49$（米）。

所以，此湖的宽为49米左右。

倘若你想求得其他两个角的角度，那么方法也相当简单。我们已经知道三角形 ABC 的角 C，倘若要求角 B，那么角 A 也就可以求出来了。

理由是：

$$\sin B=\frac{AD}{AB}=0.49，故角B=29°$$

$$角A=180°-29°-43°=108°$$

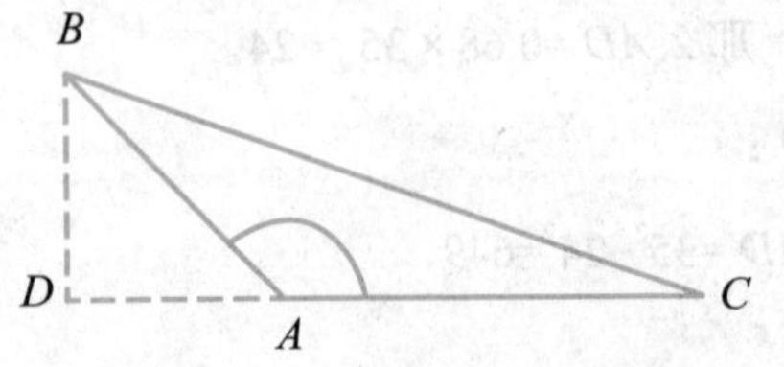

图 5-8 锐角三角形的解法

若是下面的情况，我们又应该如何求解呢？若我们已经得知了两边和两边的夹角的度数，而且知道夹角是钝角，那么如何解答呢？如图5-8，三角形*ABC*中，两边*AB*、*AC*和角*A*是已知的，那么其他各值的解法和前面的方法完全一样。

先做*AC*边上的高*BD*，再依据三角函数求得三角形*ABD*的两边和*BD*的长度。再根据上述结果求解其他参数。

三角形地带

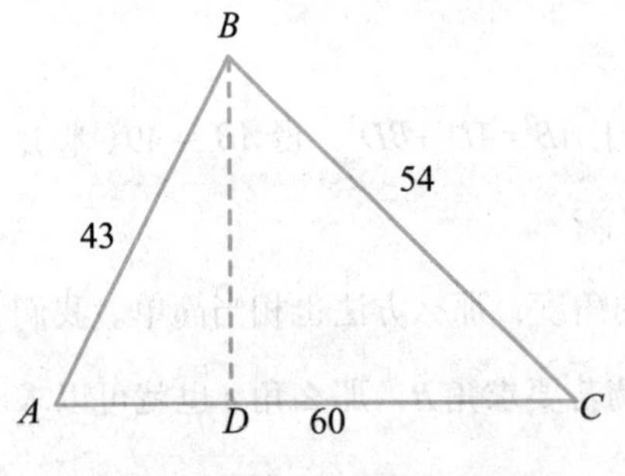

图 5-9 使用(1)计算方法和(2)量角器求三角形各角的值

【题】我们在旅行的过程中，遇到一个三角形的地块，现在我们用脚步丈量它各边的长度分别为43步、60步和54步。这个三角形各角的角度是多少呢？

【解】这道题就属于根据三边求三角的题。此类题一般是最难解的。不过你不用担心，我们有办法将这道难题解出来，而且只用正弦函数。

如图5-9，做AC边的高BD，由勾股定理得知：

$$BD^2=43^2-AD^2$$

$$BD^2=54^2-CD^2$$

再由上述的式子可知：$43^2-AD^2=54^2-CD^2$

所以：$CD^2-AD^2=54^2-43^2\approx1070$

而$CD^2-AD^2=(CD+AD)(CD-AD)=60(CD-AD)$，由上式可得$CD-AD=17.8$。因$CD+AD=60$，由上两式可得$CD=38.9$，$AD=21.1$。根据第一个式子得$BD=37.4$。

由上面的式子可以知道，CD和AD的差是17.8。

由于CD和AD的和是60，那么就可以得知CD长为38.9，AD长为21.1。

再由第一个式子可以知道BD长为37.4。

由此得出：

$$sinA=\frac{BD}{AB}=\frac{37.4}{43}\approx0.87$$

$$sinC=\frac{BD}{BC}=\frac{37.4}{54}\approx0.69$$

由此可知角A为60°，角C为44°，角B为76°。

若我们利用三角函数表来计算各个角度，答案应该比这个结果精确几分几秒。不过，这个精确到几分几秒的答案必定是一个错误的答案。理由就是我们测量那个长度时，用的是我们的脚步，这本身就存在误差。这个误差范围在2%和3%之间。

因此我们无须自欺欺人，一定要把结果精确到几分几秒，只要将所得的角度精确到度就可以了。如此一来，我们用书本上的方法得到的结果与我们用简化方式得到的结果相同。因此，这种“旅游三角学”是相当切合实际的。

不经测量而确定角度

当我们测量一个角度时，只需有一个指南针或自己的几根手指或一个火柴盒就可以了。有时，我们会遇到下面的情形：需要测量一个平面图中或者地图上的角度的大小。

倘若我们手中有量角器，那自然相当简单。倘若我们手中没有量角器，那怎么办呢？比如部队在转移进程中。“几何学家”面对这样的问题，他们是怎么处理的呢？

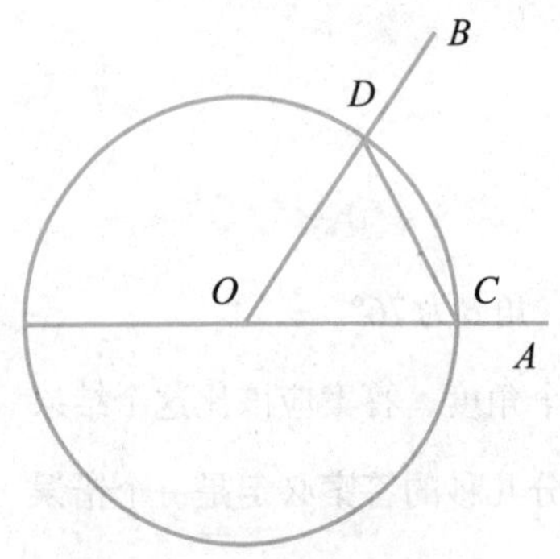

图 5-10 只许使用圆规，怎样求出角 AOD 的值

【题】解 AOB 为 180°，如图 5-10，请不借助于任何测量工具就将它的大小测得。

【解】常规的方法：在 OB 上任选一点 D，过 D 点做 OA 的垂线，接着将直角三角形的边长量出来，将角 AOB 的正弦值求出来。最后将角 AOB 的度数求出来。题目中要求不用任何测量工具，因此这个方法显然不符合要求。

我们可以用如下方法来将这个问题解决：设O点为圆心，适当的长为半径做一个圆。圆和BO、AO交于D点和C点，将C和D连接起来。以C点为起点，CD长为半径画一个弧，保持在同一个方向，直到圆规的一角和起点C重合。此时我们务必记住一共绕了多少圈，一共画了多少弧。

倘若我们绕圆周一共绕了n圈，这中间一共在圆周上量了S次的CD的长，角AOB就等于：

$$\angle AOB=\frac{360^\circ\times \mathrm{n}}{\mathrm{S}}$$

倘若这个角度是x度，那么它一共画了S个圆弧，即x度增大了S倍。圆周绕了n圈，说明共走了n个360度。因此：

$$x^\circ\times S=360^\circ\times n$$

所以：$\angle AOB=\dfrac{360^\circ\times \mathrm{n}}{S}$

如图5–10，角度就是n=3，S=20，那么角AOB就是54°。倘若没有圆规，我们就可以用大头针或细线来代替。

【题】用此方法将图5–9中三角形的各角角度求出。

名师点评

初中阶段我们主要研究锐角的正弦值，如果一个锐角为$\angle A$，如图在$Rt\triangle ABC$中，$sinA=\frac{对边}{斜边}=\frac{\mathrm{BC}}{\mathrm{AB}}$。文中求任意角度的正弦值也是应用了这个原理，已经解释得比较清楚，这里就不再强调了。至于针对一般三角形而言，如果想要求其中一个角的正弦值，则需要通过作高线来构造直角三角形。

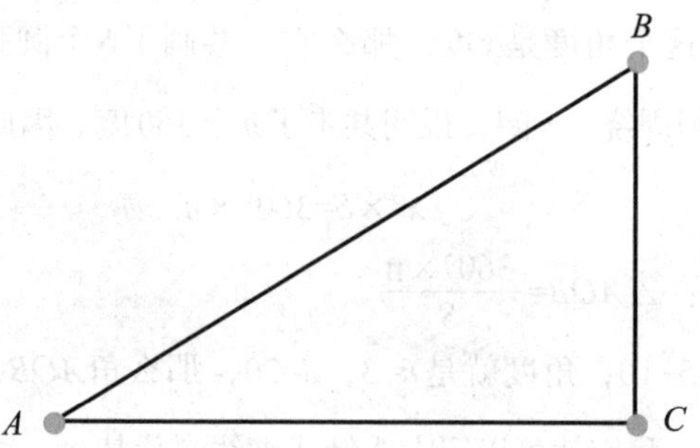

“开平方根”一节，在这里要强调的地方是，文中的开平方案例指的是求一个正数的算术平方根，即如果一个非负数的平方等于a，那么这个数叫作a的算术平方根，而在我们中学阶段学习的数值a的平方根指的是它的算术平方根及其相反数。

第六章 天与地在何处相接

天和地的相接之处在哪里？出现于地平线上的轮船究竟距离我们有多远？诸如此类的问题，其实都可以用几何学来加以解决。

地平线

不错，在生活中，我们常常会有这样的感觉，那就是我们的视线和地平线是在同一水平上的。甚至当我们登上高处时，我们也会下意识地认为地平线也随着我们升高了。不过，在此我要告诉大家的是，这一切不过是我们的错觉罢了。实际上，与人的眼睛相比，地平线始终是低的，就像图6-1中所表示的那样。之所以让我们产生错觉，是因为CN和CM两直线和在C点垂直地球半径的CK线的夹角（地平线下降角）相当小，以至于小到了不借助于仪器人们就无法将角度测量出来罢了。

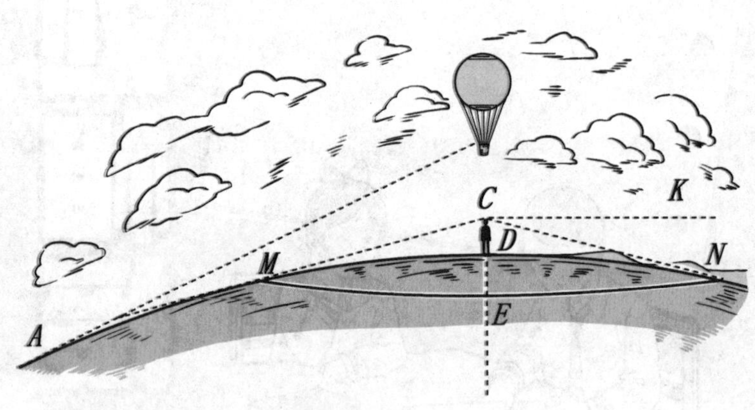

图6-1 地平线

此外，我还要再给读者们说一件非常有趣的事情。正如上面所提到的，当我们进行类似乘坐飞机等登高活动时，就会发现这样一种现象：随着我们视线的升高，地平线也升高了。如果我们乘坐的飞机已经飞入高空，或者与此情景类似——我们所处的观察位置足够高，我们就会看到下面描述的情景：地平线在上面，而地面在下面。如果大地是一个盆子，那么地平线好像盆子的边缘，地面好像凹下去的盆子。

《汉斯奇遇记》是埃德加·坡的一本科幻小说，他曾在这部小说里提到过这种现象。小说里是这样描述的：

“地球好像是凹下去的，这最让我感到惊讶。”航空家说：“当我慢慢升高的时候，我一开始认为我能够看到一个凸面，而不是一个凹面。后来我认真地想了一下，才明白这种现象是怎么造成的。假如从热气球引出一条直线，而且这条直线竖直指向地球，那么直角三角形的一边就是热气球到竖直交点的长度，直角三角形底边的长度就是交点到地平线的长度，直角三角形斜边的长度就是地平线到气球的长度。之所以会觉得底边和斜边是平行关系，是因为当气球上升的高度相当小时，它和交点到地平线的距离相比，就显得微乎其微了。这就给人造成了‘在气球底下的所有点都低于地平线’的感觉。因此，也就形成了地面好像向下凹的这种假象。只要观察者的高度没有达到一个我们不会像平时那样感觉底边和斜边是平行关系的高度，这种错误的感觉就会一直持续下去。”

如果只讲理论，有些读者会感到很抽象，很难理解，为了帮助大家更好地理解这个问题，我就举个日常生活中的例子。如图6–2（a），有一排整齐的电线杆在我们的面前。假设我们是观察者，当我们的眼睛与电线杆底部在同一水平上时（点b），那么图6–2（b）应该是我们看到的情景。如果我们的眼睛与电线杆的顶端在同一水平上时（点a），那么图6–2（c）应该是我们看到的情景。在这个时候，我们就有了一种“地面好像慢慢升高了”的感觉。

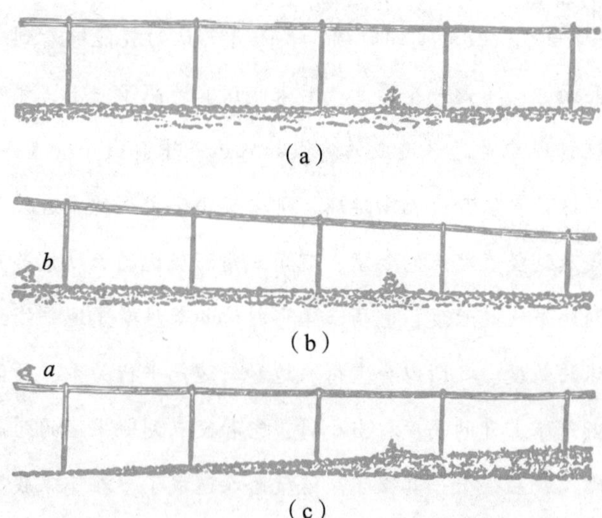

图 6–2　你的眼睛向一列电线杆望去所见到的情形

地平线上的轮船

当我们站立于海边，看到轮船缓缓向我们驶来时，我们会认为轮船位于我们的视线和海面凸起面相切的B点上，如图6-3。事实上，轮船并不在B点上，而要在离B点远一段的距离上。倘若仅靠我们的肉眼，对于轮船的真实位置，我们很难将之确定。相反，我们会认为它位于B点，关于此问题，我们可以参看第四章中突出物体对于物体距离的影响一说。

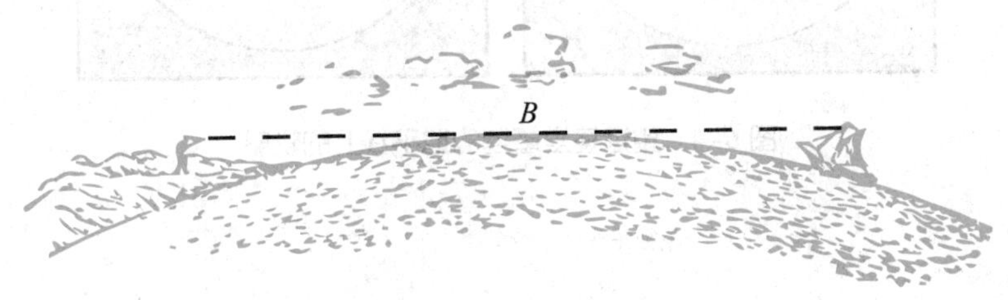

图 6–3　地平线外的轮船

若借助于望远镜来观察，我们会发现，轮船和我们之间的距离就比较有真实的感觉了。这其中的原因就在于往远处观察不同的物体时，清晰程度是不一样的。那就是用校准好观察远处物体的望远镜来看近处的物体，那是相当模糊不清的；同样，用校准好观察近处的物体的望远镜来观察远处的物体时，那也是相当模糊的。倘若我们用足够的望远镜观察水平线时，就可以清晰地看到地平面的水面情况。若此时你再观察轮船，你就发现只看到了轮船的轮廓，你会感觉那船离你相当远，如图6-4左图所示。相反，倘若你用望远镜观察轮船相当清晰，那么用它来观察地平线的水面应该也是模糊不清的，如图6-4右图所示。

图6-4 望远镜里望到的地平线上的轮船

地平线有多远?

我们已经了解了地平线，不过，我们与地平线之间究竟有多远？换句话说，当你站在地面上观察时，你就如同置身在一个圈中。那么这个圆圈的半径有多大呢？倘若我们知道了观察者的位置，那么又如何来计算这个半径呢？

如图6-5，这里求的就是CN的长度。我们可以发现，CN就是从眼睛到地球表面的切线。

我们由几何学的知识可知，切线段的平方与线外段和整个割线长度的乘积是相等的。假设地球的半径是R，则$h\times(h+2R)=CN^2$。

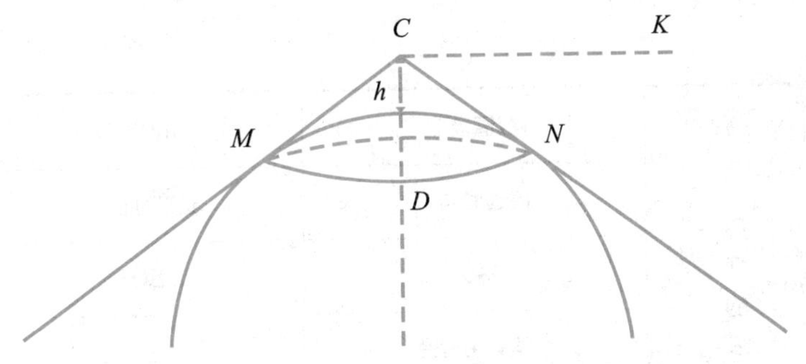

图 6-5　关于地平线远近的题目的解法

因为人眼的高度与地球的直径$2R$之间相比，h太小了，所以，纵然我们乘坐飞机飞到10000米高的天空，我们的眼睛与地球表面的距离也仅仅是地球直径的0.001。因此我们可以用$2R$来代替$h+2R$。上式就可以变成：

$$h\times 2R=CN^2$$

因此这个圆的半径即为：

$$CN=\sqrt{2Rh}$$

由于地球的半径约为6400千米，那么，$CN=\sqrt{2Rh}=113\sqrt{h}$。这里的$h$的单位是千米。

要注意的是，这个公式只是从纯几何学的角度上推算的。由于影响我们的视力范围的因素还有许多，倘若我们只把物理学的因素考虑进去的话，就一定要再加一个“大气折射”的系数。光线在大气中会由于折射的原因将这个距离增加大约15%或者6%。这里的6%只是一个平均值，在不同的天气条件下，这个数字会变化。

如下表所示：

不同的条件	数值增加	数值减少
	接近地面处	远离地面处
	冷天	暖天
	早晨和傍晚	日间
	潮湿天气	干燥天气
	在海上	在陆地上

【题】如果一个人站在平地上，他的观察是有极限的，那么这个极限是多少？

【解】假设这个人是一个中等身材的成年人，那么根据日常的经验可以得知：他的眼睛与地面的距离大约是1.6米，也就是0.0016千米。根据上面的公式可得：

$$距离=113 \approx 4.52（千米）$$

如果再加上大气对光线的折射影响，6%这个修正系数就必须乘上，所以最后的结果是：

$$4.52 \times 1.06 \approx 4.8（千米）$$

所以，这个中等身材的成年人的视力观察极限也就大概是4.8

千米，即他本身所在的圆的半径是4.8千米，那么面积大概是72平方千米。从这个数据可以得知，和一个描写大草原一望无际的人所想的相比，这个面积相当小。

【题】一个人坐在海面的小艇上，那么最远他能看多少米呢？

【解】一个坐在海面小艇上的人，他的眼睛距离海面大概有1米，换算成千米，即0.001千米，根据公式可得：

$$距离=113\sqrt{0.001}\approx 3.582（千米）$$

假如再考虑光线在大气中的折射，这个距离大概是3.8千米。即当我们到一个物体的距离超过3.8千米时，因为地平线遮挡住了物体的下面部分，所以我们就只能看到物体的上面部分。

如果我们的眼睛距离水面更加近些，那么地平面也会随之变得更加近些。在眼睛与水面的距离只有0.5米的情况下，地平线随之就会在2.5千米处。与此相反，当我们所处的位置更高时，即我们的观察点更高时，地平线所在之处也会距离我们更远。如果我们爬到一支有4米高的桅杆上，并且在这支桅杆上观察，那么地平线就会在7千米处。相比之前，此时地平线的距离大大增加了。

【题】一个人乘坐热气球，他在这个热气球上观察，当他随着热气球的升高到达平流层的最高点时，他与地平线的距离是多少？

【解】因为平流层最高点的高度大约为22千米，所以此时这个观察者的高度也就大约为22千米，根据公式可得：

$$距离=113\sqrt{22}\approx 530（千米）$$

再加上大气折射对光线的影响，这个结果大约是580千米。

【题】如果一名飞行员想要观察到方圆50千米的所有物体，那么他所驾驶的飞机至少要飞多高？

【解】根据公式得：$50=113\sqrt{h}$。

计算得$h\approx0.2$千米，即高度为200米。再加上大气对光线折射的影响，50千米的距离就不再是50千米，而是47千米，计算可得：h=0.17千米。通过上面的计算，我们可以知道，飞行员所驾驶的飞机只要飞到170千米的高空就行了，而不必飞到200米的高空，这是我们综合各个因素考虑出来的结果。

果戈理的塔

【题】高度和距离相比，是高度增长得快，还是距离增长得快？人眼升高的速度和地平线扩展的速度哪个更快？这是一个大多数人都想知道答案的有趣问题。地平线的距离将会随着观察高度的增加而迅速地增加——大多数人都持有这样的观点。果戈理这个大文学家也这样认为，这在他的论文《论时代建筑》里可以看出：

> 一座巨大而雄伟的高塔是城市里不可或缺的……在我们的城市里，现在有且仅有一座能够看到全市的高塔。假设就一个首都来说，至少要有一座高塔能够观察到150俄里（1俄里≈1.0668千米，150俄里≈160千米）。

> 为了达到这个目标，我们只要在现有高塔的基础上重新加上两三层就行了，在那个时候，我们所看到的一切将会和我们现在所看到的大不一样，因为那时我们的视野将会提高很多。

事实是这样的吗?

【解】在这里，我们只需要稍微研究一下刚才的公式，就会明白，随着人体高度的增加，地平线并不是加速增加的。

$$距离=\sqrt{2Rh}$$

事实上，和观察者眼睛高度的增加速度相比，地平线的增加速度要小。根据公式可以看出，距离和人眼高度的平方根之间的关系是正比例关系。

举个例子来说，如果人眼高度增加100倍，这个时候地平线的距离也只增加10倍；如果人眼高度升高1000倍，这个时候地平线的距离至多增大31倍。因此，果戈理在书中所得出的结论，即“我们只要在现有高塔的基础上重新加上两三层就行了，在那个时候，我们所看到的一切将会和我们现在所看到的大不一样，因为那时我们的视野将会提高很多”，是不正确的。因为根据公式可以得知，如果我们在八层楼的基础上增加两层，这个时候，地平线的距离只增加了1.1倍。换句话说，即距离只增加了1/10。这个距离的增加得太小了，以至于我们都不能觉察到。

假如我们要建一个上文所描述的可以观察到150俄里，即160

千米方圆的高塔，根据公式$160=\sqrt{2Rh}$可以计算出h=2千米，而这个高度已经和一座山差不多了。所以，要想建一座这样的高塔，实际上是不可能的。

普希金的山丘

无独有偶，普希金作为一名伟大的文学家也有过相似的错误，他的诗剧《吝啬的骑士》(已经在前面的内容中提到过)，里面有这样描写从“骄人的山冈”上望见远方景色的句子：

曾记得，我读过，
皇帝令他的士兵，
每人抓一把土堆成一个土丘，
于是，骄人的山冈耸立出来，
皇帝站在高冈上可见那土丘，
山谷被白色的天幕覆盖，
如同前行于海洋上的轮船。

我们此前已经仔细算过这个土丘有多高了，即2.7米，这是一个非常小的数字。即使建造土丘的主体改变了，让阿提拉王的军队按照这个方法去建造土丘，建起来的土丘也只有4.5米。那么如果一个人站在这个土丘上，他的观察极限是多少呢？

让我们来计算一下吧！假设这个人是一个中等身材的成年人，那么他的眼睛到土丘的距离大约为1.5米，再加上土丘的高度，他总的观察高度就是6米。根据公式可得：

$$距离=\sqrt{2Rh}=\sqrt{2\times6400\times0.006}\approx8.8（千米）$$

从结果可以看出，和站在地面上相比，这个距离也只是远了4千米而已。

两条铁轨的交会点

【题】我们经常在一些画中见到这样的图景：铁路的铁轨在远处相交于一点。但是，你真的亲眼看到过这个交点吗？或者，我们是不是根本就不能看到这个交点呢？我们距这个点有多远？看了上面的内容，根据你所学到的知识解答一下吧！

【解】首先，我们来回想一下前面已经讲到的知识：一双正常的眼睛只有在视角等于1′的情况下观察物体，物体才能看起来是一个点。换句话说，即想要这个物体看起来是一个点，我们与物体的距离必须是物体宽度的3400倍。

下面我们来解决上面这个问题。大家都知道，两条铁轨相距1.52米，要想让轨道看起来是一个点，我们就要距离轨道$3400\times1.52\approx5200$（米）=5.2千米。

换句话说，也就是只有我们离地平线5.2千米时，我们才能看到铁轨相交于一点的情景。但是，如果站在平地上，一个普通人的地平线仅和我们相距4.4千米，这个数据要比5.2千米小。所以一个站在地面上的普通人观察铁轨，是不能看到交点的。不过也不是完全不可能。

如果一个人视力下降，那么他很可能看到交点。这是在此种情形下物体视角大于1′所造成的。

如果铁路的路面不是水平的，那么也有可能看到交点。另外，我们也可以计算出观察者眼睛所在的高度：

$$5.2^2/(2R)=27/12800\approx 0.0021\text{ 千米}$$

即眼睛与地面的距离为210厘米。

灯塔问题

【题】有一座高出水平40米的灯塔位于岸边，领航人坐在战舰的桅杆上。当船向灯塔驶去时，此时领航人与水面的距离是10千米。问：领航人想看到灯塔的灯光要在距离灯塔多远的地方？

【解】如图6–6，要求的距离实际上就是AC的长，AC包括AB和BC。

AB就是在40米高的灯塔上观察到的地平线与我们之间的距离；BC就是在10米高的桅杆上观察到地平线与我们之间的距离。因此所求的AC就等于：

$$113\sqrt{0.04}+113\sqrt{0.01}=113\times(0.2+0.1)\approx 34\text{（千米）}$$

【题】上题中，倘若领航人在距离灯塔30千米的地方，请问他观察的灯塔的部分是什么？

【解】如图6–6，我们先要将领航人观察时地平线的距离BC求出，然后再将AB的长度计算出来。根据AB的长度，利用距离公式，将灯塔观察者的高度推出来：

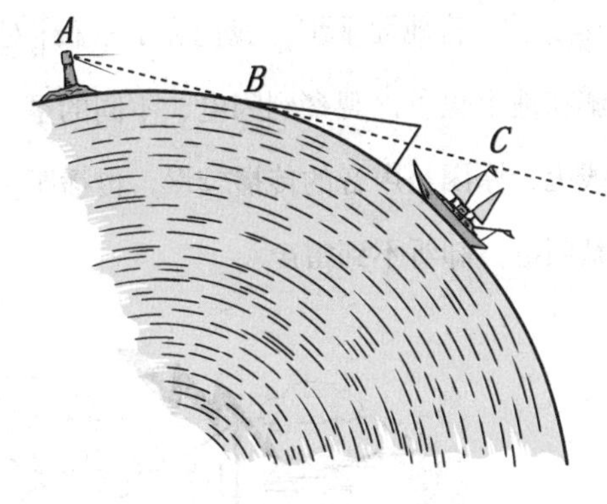

图 6–6　灯塔的题目

$$BC=113=\sqrt{0.01}=11.3\text{（千米）}$$

$$AB=AC-BC=30-11.3=18.7\text{（千米）}$$

所以，灯塔高是：$18.7^2/2R=350/12800\approx 0.027$（千米）

当我们从30千米处观察灯塔时，只能看到从塔顶向下的13米的地方，而灯塔余下的27米是我们看不到的。

【题】当你上空1.5千米处的地方发生了闪电，那么你在多远的地方能看到这次闪电呢？

【**解**】此题就是换个角度问你1.5千米的高度时，地平线的距离是多少。如图6–7，这个距离等于$113\sqrt{1.5}\approx138$（千米）。

倘若将光线折射的原因再加上，那么此距离就是146千米。换句话说，若地面平坦，我们在146千米处就可以看到闪电。纵然是躺在地上也可以观察到闪电，不同的是，这个闪电如同发生在地平线上，原因是声音的传播较慢，传播距离比较短，因此我们只能看到闪电，却听不到雷声。

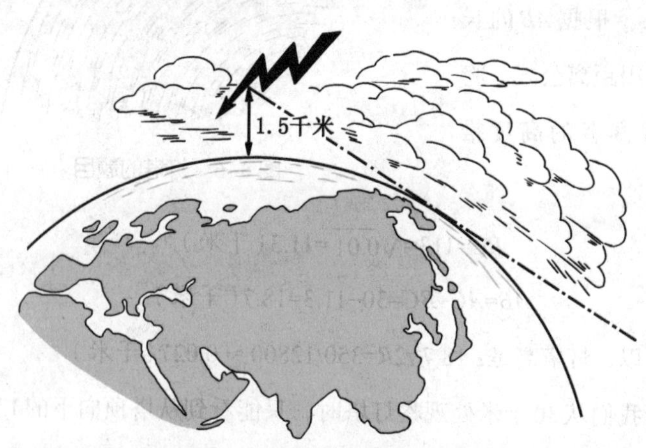

图6–7　多远的地方能看到闪电

当你在海边观察一艘远去的帆船时，你看到帆船的桅杆高是6米，那么请问：当帆船离我们有多远时，我们才会感觉到帆船开始

向水下沉了呢？当它离我们多远时，我们才完全看不到它？

【解】如图6–3，倘若观察者是一个中等身高的人，那么船将在B点开始下沉。依据前面的计算，这个距离正好是4.8千米。即当帆船离我们4.8千米的时候，船开始下沉。帆船下沉的地方就是B点：

$$113\sqrt{0.006}\approx 8.8\text{（千米）}$$

换言之，当船完全看不到时，距离是：

$$4.8+8.8=13.6\text{（千米）}$$

月球上的“地平线”

【题】我们前面的内容都是在身处地球的前提下进行的计算，下面我们就暂且离开一下地球，去往月球。如果我们真的身处月球，月球的“地平线”的距离是多少呢？

【解】实际上，我们完全能够采用类比的方法来计算出答案。公式$\sqrt{2Rh}$在这里依然适用，所不同的地方是，这里的R指的是月球的半径而非地球的。因为月球的半径大约是3500千米，观察者与地面的距离大约是1.5米，所以可以得出：

$$\text{“地平线”的距离}=\sqrt{3500\times 0.0015}\approx 2.3\text{（千米）}$$

所以，当我们作为观察者站在月球表面上时，2.3千米就是我们所能看到的最远的距离。

月球上的环形山

【题】月球上有大量环形山，这是地球上所没有的，我们用最普通的望远镜也能观察到。其中有一座“哥白尼环形山”，它的外径为124千米，内径为90千米。它的四周最高的点距离中间盆地大约1.5千米。请问：假设你处在这座环形山的盆地中心，还能看得到这个比你高1.5千米的山顶吗？

【解】其实解答这个问题也不困难，第一步，我们来求一下这个山峰的“地平线”的距离。因为这个山峰高1500米，所以距离为：$\sqrt{3500\times1.5}\approx23$千米。

第二步，我们来求一下人的“地平线”距离。假设这是一个中等身材的人，那么他的地平线距离就是2.3千米。第三步，我们来求一下这个站在盆地中央能望到1500米高的山顶的最远距离：

$$23+2.3=25.3（千米）$$

因为盆地中央与山壁的距离为45千米，所以这个人站在盆地中央完全不可能看到山顶。除了下面一种情形：这个人爬到600米的半山腰上。

在木星上

【题】地球的直径仅为木星的1/11，请问，木星上“地平线”的距离是多少？

【解】如果木星有平坦的、坚硬的表面，一个人站在木星表面上，他能看到的最远距离根据公式可以算出为：

$$\sqrt{11 \times 12800 \times 0.0016} \approx 15（千米）$$

练习题

一艘潜艇的潜望镜距水面有0.3米，那么，通过这个潜望镜所能观察到的水平线的距离是多少？

有一条宽度为210千米的大河，一名飞行员要飞到多高才能在同一时间看到这条河的两岸？

飞行员要飞多高，才能同时看到俄罗斯的相距640千米的圣彼得堡和莫斯科？

名师点评

本章提到一个很神奇的现象，就是当我们登上高处时，会认为地平线升高了，尤其是越远会感觉地平线越高，就像文中提到的底面就像一个凹下去的盆子。这里通过一个三角形模型解释一下。如下图，我们看地平线的高低是由从视线B点出发看目标位置的俯视角决定的，从图中能看出，虽然地平面的高度不变，但是从观察点E到观察点A的过程中，目标位置越远，其俯视角α越小，从而形成在同一水平线上的错觉。

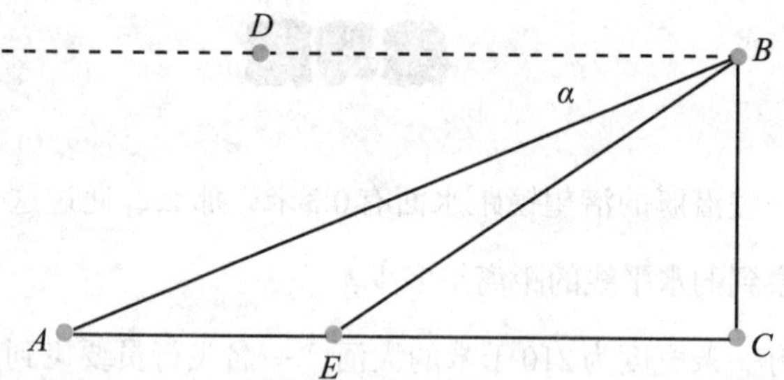

“地平线有多远”中涉及对圆中切线性质的应用。如图，CM，CN分别为圆O的切线，CE经过圆心，则有$CM^2=CN^2=CA\cdot CE$。

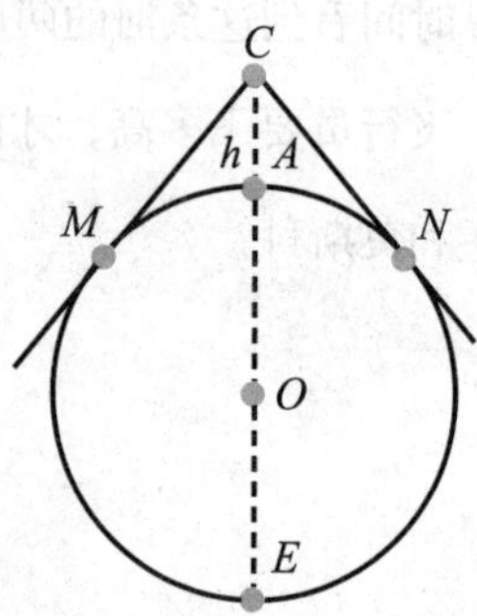

第七章 鲁滨孙的几何学

提到《鲁滨孙漂流记》，人们可谓耳熟能详，不过，你知道鲁滨孙之所以能在荒岛上生存下来，其实全靠他丰富的几何学知识吗？

星空中的几何学

无边深渊，闪烁繁星。

浩瀚星群，无边浩瀚。

——罗蒙诺索夫

一直以来，我已经准备好了去尝试一种命运，这种命运是许多人不曾邂逅的，并且十分的不同寻常——把自己变成第二个鲁滨孙。倘若这个愿望真的变成了现实，那么这本书一定会十分精彩，较现在有更大的飞跃；当然，也有可能便不会有这本书的存在。不过，对于这样的命运最终没有兑现，我并不感到可惜。

当我还是青涩少年的时候，就曾认真地思虑过这个事情，并且我还真真正正地做出了相应准备。毕竟就算是一个再普通不过的鲁滨孙，也必须要有异于常人的知识和能力储备。

如果有人不幸遭遇海难，但又于不幸中万幸地存活下来，漂浮到了一个荒无人烟的小岛上，那么这个人最先会做什么呢？窃以为他首先会确定荒岛的经纬度，通俗点说，就是搞清楚小岛的地理位置。可令人惋惜的是，在所有关于鲁滨孙的资料中，也鲜有与此相关的记载。哪怕是遍览《鲁滨孙漂流记》的字里行间，也仅仅是在一个括号里才找到一行此类叙述：

这个海岛的纬度应是（依据我的计算，大概是在赤道北方9°22′的样子）……

在我努力为以后的行动收集资料时，却只找到如此一行短小的文字，无疑是让人遗憾又失望的。我正打算终止这个计划的时候，儒勒·凡尔纳的小说《神秘岛》给了我莫大的启发，让我豁然开朗。

当然，我并不是想让人人都成为鲁滨孙，不过，在此谈一种最简单的确定纬度的方法并不是坏事。此方法不仅对于一个落难到荒岛上的人可用，就是在确定一个地图上不存在的小山村的位置的时候，恰好你的手中没有十分精确的地图，这时也是相当可用的。

因此，确定纬度的问题会经常出现在我们身边。我们不一定要有鲁滨孙那样的经历，不过我们还是要了解确定纬度的方法。

此方法相当简单。当你观察晴朗的天空时，你或许会发现，夜空中的星星是按一定的规律运动的，而且是沿着一个倾斜的圆弧滑动。这就如同整个夜空在绕着一个看不见的轴在转动一样。事实上，你也随着地球在一起转动着，不同的是，它的转动方向与你相反。

在北半球的星空中，地轴的延长线与星空的交点是唯一不动的点。此点应该位于北极上空，也就是在小熊星座的尾尖上一个星星的附近——它就是北极星。若我们将这颗星星在天空中找到，那么就等于找到了天球的北极。倘若你能找到北极星，即北斗七星，那么找起来北极星就相当容易了。如图7–1，我们沿着大熊星座边上的两颗星星的连线望去，在距离大熊星座约有一个大熊星座长度的地方，就是北极星。

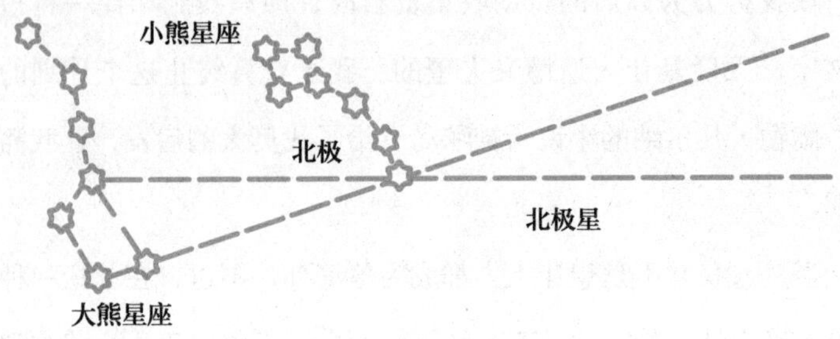

图7–1 找寻北极星

我们判定所处纬度的一个点就是北极星。天顶则是另一个点。它就是我们头顶上的苍穹的一点。换言之，这个点就是你所在位置的地球半径的延长线和天穹的交点。此时你所处的位置的天顶和北极星之间的圆弧的角距，就是这个时候你与北极之间形成的角度。倘若你所在天顶离北极星是30°，那么你与北极星之间的角度就是30°。意即你距离赤道是60°，此时，你的位置就在北纬60°。

通过上面的内容我们不难发现：要算出你所在地的纬度，只需要测量你所处位置的天顶与北极星之间的角度，再用90°减去这个角度就可以了。当然，实际上方法并非只有一种。要知道天顶和地平线成90°角，于是前面所提及的90°减去天顶和北极星之间的夹角，就可以视为天顶和地平线的角度减去天顶和北极星之间的角度，即北极星的“高度”。换句话说，北半球上任意地方的纬度，其实在数值上等同于当时北极星相对地平线的“高度”。

相信现在大家已经知晓如何判定一个地方所处纬度的方法了吧。首先要求是在一个明朗的夜晚，同时我们能够找到北极星，随后就是测量出此时北极星的高度，也就是我们所要计算的纬度。当然如果你想计算出你所处位置的精确纬度，毋庸置疑就要考虑到其实北极星并非是正好处于天球的北极，而应该是北极后面1.25°。

要知道北极星可不是不动的，它围绕北极在转一个很小的圆周，距离四周永远小于1.25°。只要我们测出北极星在最高（上中天）和最低（下中天）两个位置上高度的平均值，也就得到了宇宙北极的实际高度，当然这也就是你所在位置的纬度了。

其实要是根据上述内容来计算纬度，根本就没有必须选择北极星作为参考的必要。因为对于任何一颗位于北方而不落的星星，我们都可以计算出它在星空中最高和最低两个位置的角度，再求出二者的平均值，那这个值也是此时此地的纬度。而我们刚刚说到最高和最低两个位置这个前提，即确定所选星星处于最高和最低位置的时间，却是最难的。

要知道哪怕是在同一个晚上，也不一定就能同时观测到星星的这两个位置。而北极星和天球北极之间的那一点差距完全可以忽略不计，因此我们才常常选择北极星而不是其他星星来做参考。

以上内容全部是关于北半球纬度计算的，要是在南半球，又该怎么办呢？其实和北半球的办法是类似的，只不过不同的是南半球需要找出的是天球南极。但是这个点是比较难找到的，因为在天球的南极附近并不像北极附近有一颗十分固定而且耀眼的北极星，哪怕是南极最有名的南十字座，也离天球南极非常远。但显而易见的是，如果要利用这个星座来确定南半球的纬度，也是先找到该星座最高和最低两个位置的角度再求出平均值。

在儒勒·凡尔纳的小说中，位于南半球的主人公就是根据这个耀眼美丽的南十字座才确定了神秘岛的纬度。

神秘岛的纬度

下面是引用儒勒·凡尔纳的小说《神秘岛》中的几段话，说明了在没有任何工具的时候，赫伯特等人是如何测量出神秘岛的位置的。

> 现在是晚上八点，月亮还没有升起，但是地平线上已经升起了一缕可被称为月亮霞光的银色光芒，甚是美丽。星光灿烂的天际，南十字星座也在其中闪烁。此时此刻，斯密特工程师正和南十字星座对望着。
>
> “赫伯特，”斯密特沉思后问道，“今天是四月十五日吗？”“是啊！”赫伯特回答道。“如果我没有记错，明天应该是一年当中实际时间等于平均时间的四天之中的其中一天。也就是说，明天太阳经过子午线的时候正是我们的

钟表指示正午的时候。所以如果明天天气晴朗，我们就能大约计算出这个小岛的经度。”斯密特说道。

青年问道：“那么，没有仪器也可以吗？”

“没有仪器也是可以的。今晚天气非常好，因此为了判定这个小岛的纬度，我们要利用这个机会测出南十字星座的高度，也就是南极距离地平面的高度。这样以此为基础，明天中午我们也能把小岛的经度也确定下来。”

如果他们能拥有一个六分仪，那么这个观测任务就会变得非常简单。因为六分仪借助光的反射原理可以精确地测量出物体的角度。在晚上天气较好的情况下，利用此条件测量出小岛的纬度，明天就可以利用正午时分的时刻，测量出小岛的经度。于是小岛的位置也就确定了。但是事实上他们并没有六分仪，所以必须找个物品来代替。

此时，工程师走入山洞，借助熊熊的篝火，锯下了两根方形的木杆，然后将两根木杆的一端连接起来，制成了一个可以自由开闭的圆规。圆规的合页是从木柴堆中找到的非常坚硬的金合欢的刺制成的。

接着，工程师拿着准备好的仪器走向了岸边。他必须利用今晚的机会测出南极在地平线上的高度。为了便于观察，工程师爬到了瞭望岗（这个瞭望岗的高度也应该计算在内）。需要指出的是：最佳的观察时刻是在月亮刚刚升起时，因为这时的地平线是最清晰的，可以使观察更加的顺利。此外，南十字星座在夜空中是颠倒悬挂的，所以可以知道南十字星座底部的α星就是离南极最近的星星。

但是尽管这个星星离南极的距离是最近的，我们仍然不能以此相比北极星和北极之间的距离。因为α星离南极大约有27°，工程师知道这一点，所以他打算在计算的时候把这个数值考虑进去，以期更加精准。同时，为了减轻我们的测量工作，他正在等待这颗星星经过子午线的时间。

与此同时，斯密特将圆规的一边置于水平方向，另一边对准南十字星座的α星，这时圆规两边之间的夹角就是α星在地平线上的高度。为了防止圆规角度的变化，斯密特还利用金合欢的硬刺将第三根木杆固定在圆规两边上，这样圆规的形状就不会发生变化，角度自然也固定住了。

剩下的工作就是求出这个角的大小。因为地平线比他的位置低，所以就需要登上瞭望岗，那么瞭望岗的高度也需要测量。同时，为了求出这个角的大小，我们必须把海平面的高度也列入观测结果的考察范围之内。最后，通过以上一步步地求解所得到的角度就是南十字星座α星的高度，也就是此地的纬度，因为地球上每一个点的纬度都等于南极和地平线的高度。而关于这一切的相关计算，斯密特则决定明天再做。

因为我们已经在前面向大家介绍了高冈高度的测量方法，所以，在此我把《神秘岛》中有关这一部分的内容删掉，接着说工程师的工作安排。

第二天，工程师拿出昨晚测量南十字星座α星和地平线角度的圆规，测定了这个角的度数是10°。那么将10°再加上南十字星座α星和南极的角距27°以及测量的时候所站的瞭望岗的高度，最后再换算成海平面的角度，正好是37°。此外，考虑到测量工具和测量人员观察中存在的误差，可以确定小岛应该位于南纬35°至40°之间。

那么最后就只剩下小岛的经度未知了。关于小岛经度的测量，工程师决定利用当天太阳经过小岛上的子午线时来确定。

地理经度的测定

赫伯特很担心以下这个问题：在他们手上没有任何工具和仪器的情况下，太阳经过小岛子午线的时间该如何确定。

赫伯特不知道的是，工程师斯密特早已将一切都准备妥当——他首先在沙滩上找到一块被海水冲刷得非常平整的地方，接着将一个长约6.1英尺的木杆插入其中。

当赫伯特看到这些的时候，他忽然明白了工程师的用意。原来工程师是想利用木杆的影子来确定太阳经过子午线的时间，也就是所说的岛上的正午时刻。其中的原理是：影子最短的时候正好是岛上的正午时刻。虽然这个方法不是太精确，但是在缺乏仪器和工具的情况下，却不失为一种好方法，进而也会得到令人满意的结果。

因为当木杆的影子最短时，正好是岛上的正午时间，所以我们只需要在观察木杆影子的长度开始变长时记下当时的时刻。一定意义上，此时木杆的影子扮演了时钟的角色。

于是，当快要到观察时刻时，工程师就跪在地上，用小短木桩时刻记录影子的长度（也就是把小短木桩插入沙土中做记录），开始为各个时刻做好影长记录。

此时，工程师的另一个伙伴记录者则在手中拿着一只表，来记录岛上的正午时刻。

根据刻时表的读数，1英尺=0.3048米。又因为四月十六日是一年当中正午时刻和平均时间相吻合的四天之一，所以记录者在四月十六日正午记录的表的读数就应该和华盛顿（他们出发的地点）子午线时间是一致的。

于是，一切有条不紊地进行着，太阳在空中缓慢移动，木杆的影子也逐渐变短。一直耐心地等待着。当工程师发现影子开始变长时，马上问道："几点了？"

"五点零一分。"记录者精准地回答道。

就是这样，观察任务结束了，接下来就只剩下一个非常容易的计算工作。通过观察结果发现：小岛上的时间和华盛顿的时间足足相差5个小时。

也就是说：岛上的正午时间，恰恰对应华盛顿下午五点钟的时刻。除此之外，我们知道太阳和地球之间的运动规律。地球每四分钟大概绕太阳走1°，那么每小时走15°。经计算，15°乘以5等于75°，也就是说华盛顿和小岛的经度差是75°。以此计算为基准，因为华盛顿位于格林尼治子午线西77°3′11″的子午线上，所以小岛则位于西经152°附近。

当然，各种误差的存在是不可避免的，所以我们只能确定小岛的大概位置在南纬35°至40°、西经150°至155°之间。

最后，我要说，测量一个地方经度的方法有很多种，而儒勒·凡尔纳的书中所提及的主人公采用的方法，只是其中的一个。另外，关于纬度的测量，同样也还有许多更为精确的测量方法，而我所介绍的方法也是有一定的局限性的，比如它并不适用于航海中纬度的测量。

第八章 黑暗中的几何学

当夜晚来临，黑暗笼罩大地的时候，几何学不会因身处黑夜而将自身的光芒掩盖。接下来，让我们跟随马克·吐温这次的黑夜旅行，去探寻几何学的奥秘。

在船的底舱里

现在，我将把你们从广阔的田间、从浩瀚的海洋中带到一条老式的木船上。那底舱是那么狭窄黑暗。马因·里德的小说《少年航海家》中的主人公，就曾在这样的船舱里解开了很多难解的几何题。在我看来，我们的读者应该从不曾在如此恶劣的条件下解答数学题。在小说中，马因·里德为我们讲述了一个喜欢在海上探险的少年的故事（图8–1）。

图 8–1 马因·里德小说中的少年航海探险家

这个少年没有钱买船票，于是他只好偷偷地躲到一艘船的底舱里。不过，让人感到惊讶的是，他竟然在这个封闭的船舱里度过了整个航程。在那塞着满满的行李的底舱，他找到一桶水和一些干面包。为了让这有限的水和食物刚好够自己用，他计划将食物和水按定量使用。

将面包片分开，并不是难事，难就难在将水分开。要知道，在不知道水的总量的情况下，要将它分开并不容易。可以说，这是少年遇到的一件大难题。那么他是怎样将这个难题加以解决的呢?

如何测量水桶?

少年航海家测量水桶的思路是这样的：

要想测量水桶，就必须知道自己每天的饮水量，这是最重要的。而要想知道自己每天的饮水量，就必须首先知道水桶里水的大约量。我想起上小学的时候，数学老师曾教了我们一些几何学的入门知识，这些知识的学习让我对圆柱、圆锥和立方体有了初步的认识，而这对我现在解决难题有很大的帮助：我可以把两个大底面的圆台连接起来当作水桶，而不必用真正的大木桶。我为自己在早些时候学习了这些知识而感到幸运无比。

要想计算水桶的容量，那么“水桶中间截面的圆周有多长（水桶最粗部分的圆周有多长）、桶顶（或者桶底）的圆周有多长、水桶有多高（这个高度是现在桶高的1/2）”这三个数据就是必须要求出的。只有知道了这三个数据，计算水桶的容量才不会那么困难，我也才能比较简便地求出水量。

而现在，测量这三个数据是摆在我面前的难题。如何解决测量这三个数据的难题呢?

第一个数据：水桶中间截面的圆周长度（水桶最粗部分的圆周长度）。要想求出这个数据，就必须知道水桶中间截面的直径，而要想求出这个直径的值，在我看来困难不小。

第二个数据：桶顶（或者桶底）的圆周长度。如果想要求出这个数据，在我能直接够到水桶顶部的情况下就会变得很容易，但事实是，我的个子达不到这个高度。另外，木桶的周围有许多箱子，这又为我的测量工作增加了不小的难度。

第三个数据：水桶的高度（这个高度是现在桶高的1/2）。这个数据很好测量出来，因为水桶就在我的面前。

当我略感兴奋的时候，我又立刻意识到一个更难解决的困难：要想测量上述三个数据，暂且不论其测量的方法，其最基本的前提是我必须有测量的工具。但现在呢?我既没有绳子，又没有尺子，甚至没有任何可供测量的工具。我要怎么办呢?我不能放弃这个计划，我要对它进行缜密的思考。

测量尺

主人公最终想到了什么办法成功解决了上面的难题呢？请接着看下面的描述。

我思考了一会儿，想到只要有一根木条就可以解决所有的难题了，这根木条就是我现在最需要也最缺少的东西。而且如果想要解决第一个难题，即水桶中间截面的圆周长度（水桶最粗部分的圆周长度），这根木条就必须足够长，以至于可以通过木桶最粗的地方。如果我真的有这样一根木条，我直接把它放到木桶里，并让它的两头和木桶最粗地方的桶壁相接触，那么此时木条的长度就是木桶最粗地方的直径，再把这个直径数和3相乘，就求出了第一个数据。虽然这样做最终得到的数据只是一个大约数，但对一般测量来说已经完全可以了。

另外，我现在什么都看不到，在这种情况下又该如何确定木桶最粗的地方呢？这可不是一个难题：我们平时为了喝水而打的小孔恰恰位于木桶最粗的地方，只要把木条从这个地方直插进去，然后按照上面的方法进行计算，我的第一个难题就完全解决了。

测量方法想到了，现在我只要一根木条即可。实际上，木条的问题也难不倒我：我立刻想到那只原本用来装干面包片的箱子——我可以把它劈开做成光滑的短木条。因为这样做出来的木条只有60厘米长，而木桶最粗的地方的直径大概要有它的两倍多，所以要想解决这个问题，我就要做出三根这样的短木条，然后再把它们连起来。

我一边这样想着，一边行动起来。我首先按照箱子的纹路把木板劈开，做成三条光滑的短木条；然后我又用我大约一米长的皮鞋带将这三根短木条连起来。最终我得到了一根长约1.5米的木条，这个长度完全可以满足测量工作的需要。

木条做成以后，我便开始测量第一个数据。但是在刚开始测量的时候，因为舱底下太窄了，我根本无法将木条成功插进木桶里。这要怎么办呢？我想到的第一个办法是把木条弯曲，但是这样做的话木条便很容易被折断，于是我立刻否定了这个办法。

之后，我又想到了另一个可行的办法：我把原本系住木条的皮鞋带又重新解开，让长木条恢复到之前未连起来时分离的状态，然后把这三根短木条次第插进木桶里，并在插的过程中，把第二根木条系在第一根的尾部，把第三根木条系在第二根的尾部。当我插进的第一根木条接触到桶壁时，我在露出桶外的木条上做了记号，而且这个记号恰好做在木条和桶外壁相合的地方。一会儿计算的时候，我只要用插进木桶部分木条的长度减去桶壁的厚度，就可以得到直径的值。

之后，我又按照相同的方法把木条从木桶里取了出来，并且把木条间相连的地方仔细地记录了下来。当我把三根木条都取出来以后，我又用皮鞋带把它们连接起来，根据之前所做的记号认真地测量出插进木桶部分木条的长度。也许这样做会很麻烦，但是我知道如果不这样做，最后算出的结果就会与真实的结果有很大的差距，而我不想因为一个不大的错误而产生很大的误差。

这样，第一个数据，即水桶中间截面的直径（水桶最粗部分的直径），就完全得到了。之后，我又通过求桶顶（或者桶底）的直径求出了第二个数据，即桶顶（或者桶底）的圆周长度。我是怎么样做的呢？我首先把木条放到了桶底（因为我的个子不够高，所以我没有测量桶顶而选择了测量桶底），然后在木条和桶底接触的地方做了一个记号。之后我又仔细地测量出了此次木条的长度，于是我又得到了第二个数据。这次测量很简单，我连一分钟都没用到。

前两个数据都求出来了，现在只剩下第三个数据，即桶的高度。虽然桶就在我的面前，而且我也有测量工具——木条，我也不可能通过直接把木条竖直放在木桶边做记号的方法得到木桶的高度，因为我所在的房间无比漆黑，我根本无法判断木条是否放得竖直，即使木条竖直放置，我也根本无法判断木条上端哪一点平行于桶底。而且，木条很可能会发生倾斜，如果数据是在木条倾斜的情况下测量出来的，那么这个数据就不足以采用了。

那么这个难题又该如何解决呢？我认真地思考后，终于得到了答案。之前我已经说过木条很有可能发生倾斜，那么为了使木条和桶在竖直方向保持平行，我采取了下面的做法：我把三根短木条中的两根连起来，而把另外一根放在桶顶，而且使它放在桶顶的长度为20 ～ 30厘米长，余下的部分露到桶的外边。之后使那两根连起来的较长木条竖直放置，且和另外一根木条露到桶外边的部分成垂直关系。之后，我又做了记号，这次的记号标记在较长木条和木桶中部（木桶最突出的地方）接触的地方，并测量了它的长度。最后，用它的长度减去桶顶的厚度，再和2相乘（之前得到的是一个圆台的高度，即桶高的一半），就得到了我想要的第三个数据。

经过上面的努力，现在我已经得到了测量所需的所有数据。

还需要做什么？

除了要解决测量数据的困难，少年航海家还需要解决一些其他的难题：

刚才计算出来的木桶容积单位是“立方米”，而我现在要把它化为加仑，该怎么办呢？其实解决这个问题并不难，我只需要在算数上进行一些简单的转化演算即可。但问题是，我现在所处的房间一片漆黑，根本无法找到演算用的纸和笔。即使我真的找到了纸和笔，我也无法进行演算的实际操作。让我感到幸运的是，我之前常常练习心算，这个时候它恰好派上了用场，而且，刚才测量出来的数据也不是很大，所以，我轻松地解决了这个难题。

之后我便想要进行计算，但当我准备开始的时候，才发现问题并不像我先前所想的那样简单，因为新的问题又出现了：虽然我得到了所需要的三个数据，但是我并不知道这三个数据的确切值，而要想真正进行演算，这是首先需要解决的问题。我身处黑暗的房间，身边没有任何可供测量的工具，那么，该怎么办才能算出它们的确切值呢？这个问题看似无法克服，但我是绝不会轻易放弃的。

我思考了一会儿，终于找到了解决的方法：我自身不就是一把尺子吗？我身高四英尺，而我完全可以比照着自己的身高，在长木条上画出四英尺的长度。于是，我躺在地板上，尽量使自己的身体挺直，因为这样测量出的数据更加准确，然后把长木条的一头贴着我的额头，另一头顶住我的脚尖。为了防止长木条倾斜，我用左手扶着它，用右手在长木条与我额头相接触的地方做了一个记号。

解决了这个难题，我本以为没有什么了，但之后，我又遇到了另一个新问题：虽然我得到了一根四英尺长的长木条，但它的上面并没有更细的英寸刻度，在这种情况下，即使有这根四英尺长的长木条，对于测量工作也没有任何帮助。像之前一样，我可不想轻易放弃。我想到，可以通过把这根木条画出48等分来解决问题，因为，根据英尺和英寸的换算原则，这样做正好能够精确到英寸，之后，再在木条上刻上英寸的刻度就行了。

就理论上来说，这件工作是非常简单的，但是，从我正身处伸手不见五指的房间的事实来看，这件工作可不是那样简单。

首先，我要找到这根木条的中点，然后把每半条均分成两段，再把每段均分成12英寸，这样就把整个木条均分成了48英寸。可是该怎样找到中点，怎样均分为两段，再怎样均分成12英寸呢？

我采取了这样的做法：既然仅仅利用长木条本身无法找到其中点，这时，我就需要借助另外一根木条。我先作了一根木条，而且它的长度介于2～3英尺之间。然后为了确认两倍木条的长度比四英尺大，我用这根做好的木条去量了量那根四英尺的长木条。每次测量后，我都把长木条多余的部分去掉，这样反复试了几次，最终，在第五次的时候恰好得到了一根四英尺的长木条。虽然这个过程耗费了很多时间，但我却觉得很高兴，不仅因为我的时间充分，更因为这让我感到充实。

后来，我又认真地思考了一下，想到了一个可以达到同样目的但时间花费少得多的办法：我可以用鞋带来替代木棒，因为想要把鞋带均分成两段是很容易的。为了得到长度为一英尺的鞋带，我把两根鞋带连了起来。现在我想要得到一英寸的长度，这可不是仅把鞋带分成两等分就能解决的，因为这要求我必须把它分成三等分，但这对我来说也不是难事。我把鞋带均分成三等分后，每一部分的长度就都为四英寸。之后，我又把它们各自对折了两次。最后，我得到了一英寸的长度。

经过上面所有的努力，现在我的准备工作基本完成。我根据折好的鞋带，在长木条上认真地刻了48个刻度，现在这根长木条就相当于一条可以精确到英寸的直尺。之后，我便把三个数据的确切值都测量了出来。到目前为止，我只剩下计算这项意义重大的工作了。

我马上着手进行。先量出两个底面的直径值，而为了使最后的结果更加精确，我并没有直接取这两个值，而是取了这两个值的平均数。之后，我把这个值和3相乘，就得到了圆的面积，即同圆台大小一样的圆柱的底面积。

最后，把这个值和高度相乘，就得到了我最终想要的数——水桶的容积。当然，此时容积的单位为立方米，为了把它换算成加仑，根据每夸脱所含立方英寸数是69的等量换算规则，我又用这个数除以69，最终得出100加仑，即这个木桶中共有100加仑的水，或者说得更确切些，是108加仑。

对于一些懂得几何学的读者们来说，发现少年航海家计算两个圆台体积的方法是有瑕疵的并不困难。下面，我们就来分析一下：如图8-2（a）所示，我们用h来代表木桶的高度，即两个圆台的高度的两倍，用R来代表大底面的半径，用r来代表小底面的半径。按照少年航海家的计算方法，我们可以得到这样的结果：

$$\pi\left(\frac{R+r}{2}\right)^2 h=\frac{\pi h}{4}(R^2+r^2+2Rr)$$

但是如果我们按照几何学上正确的计算方法进行计算的话，得到的结果却是：

$$\frac{\pi h}{3}(R^2+r^2+Rr)$$

把这两个结果相比较，我们会发现它们不相等，而且如果进一步计算的话，还可以得出它们相差的数值（第二个比第一个大的数值）：

$$\frac{\pi h}{12}(R-r)^2$$

很明显，R大于r，所以这两个数的差值为正。换句话说，也就是实际的结果要比少年航海家计算出的结果大一些。那么这里所讲的“大一些”的具体数值又是多少呢？其实，解答这个问题也是一件很有趣的事情。我们可以根据木桶的设计参数知道，木桶的底面直径要比其最粗部分的直径小1/5，即：

$$R-r=\frac{R}{5}$$

知道了这个关系后，我们就可以计算出这个具体值：

$$\frac{\pi h}{12}(R-r)^2=\frac{\pi h}{12}\left(\frac{R}{5}\right)^2=\frac{\pi hR^2}{300}$$

我们把π取作3，那么计算出的结果就是$\frac{hR^2}{100}$。从这个结果中，我们可以知道，这个差值和以木桶最大截面的半径为半径、以木桶高度的1/300为高求出来的圆柱的体积的值相等。

另外，这并不是我们最终得到的结果，我们还要在这个数据的基础上，再把它加大一些。这又是为什么呢？

如图8-2（b）所示，少年航海家得到的结果中并没有包含a、a、a、a的四个阴影部分，所以实际上，木桶的容积还要比得出的结果更大一些。

其实，我们上面所提到的测量计算木桶容积的方法，并不是少年航海家发明的。

如果你学过初等几何学，那么老师也会把这种计算方法教给你。有一点在这里有必要指出，那就是，如果你想要准确无误地计算出这种规格木桶的容积，是非常困难的一件事情。

如果追溯研究计算木桶容积的方法的历史，你会发现，早在17世纪的欧洲，就有人研究过这个问题了。这个人便是开普勒，著名的德国天文学家。他曾花费了很多心血去研究这个问题，并写了许多关于这方面的著作，这些著作流传至今。但令人遗憾的是，直到今天，科学界依旧没有在几何学上找到一个既精确又简单的计算方法。

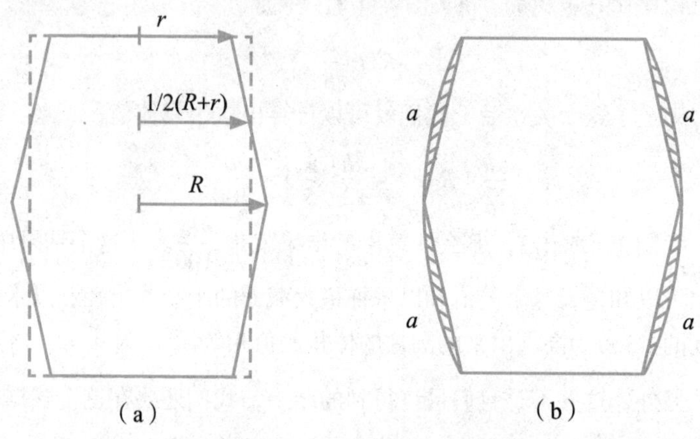

图 8–2　木桶体积的验算

现在，比较简单的方法也只是从实际经验中总结出来的，并没有系统化、理论化。其中，在法国南部流传着这样一个计算方法：

$$木桶容积=3.2hRr$$

经过人们的实践，这个公式是很符合实际情况的，也是很合用的。

既然木桶的容积这么难计算，为什么还要把木桶设计成凸肚圆柱的形状呢？如果把木桶设计成如其他金属制成的圆柱形状的桶的话，比如煤油桶，计算起来不是更加简便吗？把木桶造成凸肚形状是有其他的优势吗？其实，研究这个问题也充满了趣味。

原来，之所以把木桶设计成凸肚的形状，是因为这样做能够令桶箍更容易紧套在木桶上。工人们在制造木桶时，为了使木桶更加坚固，都会用木槌逐个敲打桶箍，且敲打的方向为鼓肚的部分。

知道了这个原因，我们也就理解了，为什么日常生活中见到的木桶、木盆等，都不是圆柱形状而是圆台形状了。如图8-3，它们也是用上面所讲的方法制成的。

图 8-3　把桶箍敲向凸肚部分，可以把桶箍紧

早在17世纪的欧洲，德国数学家、天文学家开普勒在发现行星运动的第二定律和第三定律之后，也花费了很多心血研究有关木桶的问题，并写了许多关于这方面的著作，其中一篇名为《酒桶的立体几何学新论》，在论文的开头，他写道：

根据制造方法、制造材料和使用上的需要，我们把酒桶制造成了圆形，但这种圆形不是绝对标准的，而只是和圆锥、圆柱的圆形相近罢了。另外，我们为什么必须用木桶来盛放液体，而不用其他器皿呢？下面，就让我们分析一下：因为金属很容易被腐蚀，所以，不能用金属容器存放；玻璃和陶瓷虽然不容易被腐蚀，但是它们都不坚固，所以也不能采用；石器呢？太重了。所以，金属、玻璃、陶瓷和石器都不能被采用，最后能够采用的只有木制容器，而且对我们来说，这也是最好的选择。

在解决了上面的问题后，这里又产生一个新的问题：我们在制造木制容器的时候，为什么不直接用整个树干，而必须用一片片木板来拼凑呢？解答这个问题并不难，稍加思考，我们就会想到：如果用整个树干来制造木桶的话，不仅在大批量生产方面有问题，而且在解决扩大容积、保持木桶的坚固性问题上也有困难，所以，我们才采用一片片的木板拼凑的方法。

另外，为了使液体不外渗，我们就要用桶箍把木桶箍紧，因为我们不可能用其他材料来填塞它，或者用任何其他的办法来解决这个问题。

实际上，最理想的办法是将木桶制造成球形，但这是非常困难甚至说是不可能的，因为我们没有任何办法可以把木板箍成球形。那么，在我们的制造能力以内，圆柱体就成了最佳的选择。又因为如果把木桶制成绝对标准的圆柱体，它的桶箍一旦松弛，整个木桶也会被完全毁掉，所以我们把木桶制造成了圆台的形状，即从桶的两侧向中间逐渐扩大。

而制造成这种形状，除了桶箍松弛会向最圆处加固，而不会破坏整个木桶的优点外，还具有外形美观、便于滚动、易于搬运和便于取出所盛放的液体等优点。

马克·吐温的黑夜之旅

那位航海少年在恶劣环境中表现出来的机智和灵巧使我们佩服。对于我们大多数人来说，处在那样黑漆漆的屋子里，能够知晓自己所处的位置和方向都很困难，然而，那位航海少年不仅做到了这一点，而且还完成了上面所讲的大量的复杂测量和计算。

在这里，我不得不向大家介绍另一个让我们佩服的人——大文学家马克·吐温。他所做的一件有趣的事就是所谓的“黑夜之旅”，即在黑暗的房间里一夜游。如果你读完这个故事，你会得出这样的结论：对于一个身处一间陌生且黑暗房间的人来说，想要获得对这个陈设普通的房间的正确印象是非常困难的。马克·吐温在他的《国外旅行记》一书中是这样叙述这件趣事的：

我夜里睡觉的时候，感到非常渴，最后竟被渴醒了。我醒了以后，突然产生一个十分美好的想法：起身穿上衣服，去花园里呼吸呼吸新鲜的空气，去喷水泉旁边冲个澡。

我一边这样想着，一边慢慢起身。我开始找我的衣服。没过一会儿，一只袜子便被找到了。但是另一只袜子在什么地方呢？我不知道。于是我很小心地下了床，开始四处摸索，此时的我是趴着的，但令人遗憾的是，我没有找到它。于是我决定去远处找一找，但结果更加糟糕：不仅没有任何收获，而且还不小心地撞到了家具上。

我觉得现在整个房间充满了家具，尤其是椅子，哪里都是，因为我一直撞到椅子，而我清楚地记得，临睡前我的周围并没有这样多的家具，我猜测可能有两个住户在我睡觉的时候搬进来了。算了，少一只袜子也不会有什么大的影响。我这样想，决定放弃寻找那另外的袜子。于是我站起身来向门走去，想走出房间。但是当我走到“门”的跟前的时候，却发现原来它是一面镜子，根本不是门，因为我看到了自己的朦朦胧胧的面孔。

这个时候，我才发现自己迷失方向了，而且对于自己究竟在什么位置没有任何印象。我一开始想到可以用镜子来辨别方向，但糟糕的是，这个镜子不是一面镜，而是两面镜！即使有一千面这样的镜子我也束手无策，对我来说，这是一件非常不幸的事。

最终我想到了另一个走到门口的办法，即顺着墙走。于是我便开始摸着墙寻找门口。不幸的是，在我顺墙走的时候，一不小心碰掉了一幅画，它虽不大，但落地时的声音却非常大，好像一幅巨大的画片掉落下来。我想，如果我坚持用这种方法找到门口的话，一定会吵醒睡在另一张床上的室友——葛里斯，即使现在他睡得很熟。于是我决定放弃出去的想法，仅仅回到自己的床边，找到玻璃瓶，喝了几口水。我想先寻找到圆桌子（我已经多次经过这张圆桌子），然后从桌子那到达床边。于是我立即行动，采用我用过很多次的方法——手脚并用向前爬行，我对这个方法充满信心。

最后，我终于找到了圆桌子，但糟糕的是，我还是制造出了一个不算大也不算小的响声，因为我的头先撞到了桌子上。为了平衡自己的身体不至于倒下，我伸出双手，张开五指，摇摇晃晃地向前走去。之后，我依次摸到一把椅子、一面墙，又一把椅子、沙发、我的手杖，又一只沙发，一些椅子。当我摸到第二只沙发的时候，我感到非常惊讶。因为我明明白白地记得房间里只有唯一的一只沙发，而现在怎么突然变成了两只？而且在整个过程当中，我又撞到了桌子，这次我感到疼痛。

这个时候，我才突然意识到这个方法并不可行，即不能通过圆桌摸到我的床。于是，我向沙发和椅子当中的空间摸去。或许会有什么新的收获，我这样侥幸地想着。但糟糕的是，我对这个空间完全不熟悉，因为这个原因，我依次碰掉了放在壁炉上的烛台、台灯和玻璃瓶，而且玻璃瓶掉在地上的时候，发出很大的“砰”的一声。

这时葛里斯突然醒来，大喊：“捉贼啊，捉贼啊！”

接着，旅客的老板、其他的住户和服务员立刻跑了进来，他们有的拿着蜡烛，有的提着灯笼，房间一下子热闹起来。

在蜡烛和灯笼的映照下，我才看清情况：我就在葛里斯的床边，而且房间里确实只有一张椅子和一只沙发我能够碰到。那刚才是怎么回事呢？原来，我一直在绕着这张椅子和这只沙发转圈，并时不时和它们相撞。如果我没有计算错误的话，我这一夜的行程将大约有47英里。

这个故事最后估算的47英里也许有些夸张，但其他细节的描述还是比较可靠的。通过这些细节的描述，作者给我们展示了一幅滑稽的画面。从另一个角度看，这个故事也说明了，大多数人在黑暗的陌生环境里通常无法辨别自己所处的位置和方向。这不得不让我们对那个机智和坚强的航海少年更加佩服，因为他在这样的环境中甚至可以进行复杂的测量和计算以解决难题。

蒙眼转圈

当人们用蒙眼的方法使自己处在黑暗中的时候，如图8–4，他们走的时候就会斜到一边，从而走出一个弧形，而不是他们自己认为的直线——这就是马克·吐温的黑夜之旅带给我们的启示。

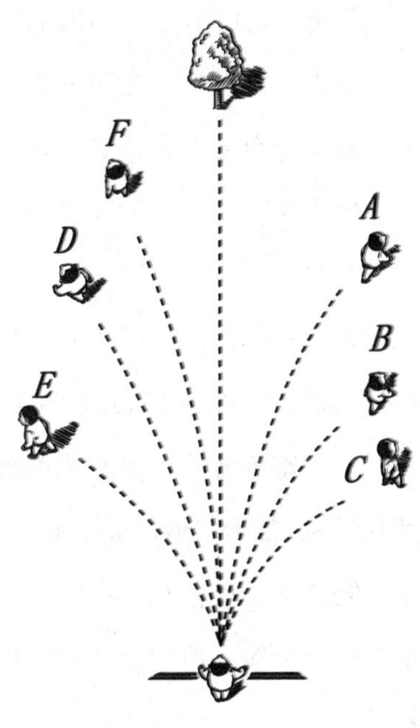

图 8–4　蒙上眼睛的行进

很久以前，人们就发现这样一种现象：对于旅行家来说，如果他行走在浓雾中、有暴风雨的草原上，或者荒漠中这些难以辨别方向的地方，而恰巧他又没有携带指南针等可以辨别方向的工具，那么他行走的时候会一次又一次地回到出发点，从而他走的路线就会是一个圆圈而不是一条直线。研究表明，这个圆圈的直径大约为120 ~ 200米，而且他走路方向的偏差会随着他走路速度的加快而变大。

为了充分证明上述观点，人们还做了一个实验，这个实验是为了证明人不能走成直线而只能走曲线。下面，就是有关这个实验的一段描述：

> 100名飞行员站在平直的飞行场上，他们排成整齐的一列。然后蒙上他们的眼睛，命令他们向前走，且要求是直走。我们发现，在刚刚走的时候，这些飞行员还能按照要求直走，但是过了一会儿，他们中的一些人就逐渐向右或者向左走去，直至开始转圈，又回到了之前走过的地方。

无独有偶，在威尼斯的马尔克广场上也进行过一次著名的类似的实验，如图8–5所示。在广场的一边，被实验者整齐地排成一列，一座著名的、宽82米的教堂就在他们的对面，他们离这个教堂仅为175米。他们被要求做的就是在蒙上眼睛的情况下走向教堂。但结果令人遗憾，因为没有一个人达到要求，每一个人的路线都是一个弧线。他们走的时候都偏向了一边，直到碰到了两边的柱子。

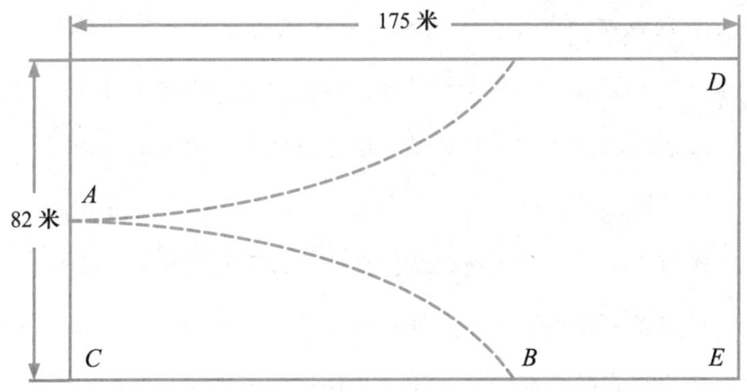

图 8–5　在威尼斯的马尔克广场上的实验

著名的大文豪托尔斯泰有一部叫《主人和工人》的古典小说，在这部小说中也描述过类似的情形，下面就是他的描述：

大雪纷飞，打得人眼都睁不开；寒风呼啸，前行变得如此艰难。但为了到达树林，瓦西利·安德烈还是没有丝毫的退缩与犹豫，他牵着他的马继续向他自认为有树林和道路的方向走去。

大雪再加上狂风，此时的瓦西利·安德烈什么都看不到，当然马头除外。就这样，他牵着他的马走了大概有五分钟后，突然看到前方有一个黑色的东西，他感到十分高兴，似乎想要马上跳起来。他激动地以为那就是自己想要寻找的村庄，于是加快脚步向它走去。这个黑影为什么一直晃动？当瓦西利·安德烈走到跟前的时候才发现，这哪里是什么村庄，仅仅是田埂边一株普通不过的苦艾而已。

看到眼前的景象，瓦西利·安德烈的身体不禁抖动了一下。他冒着狂风和大雪前进，本以为自己走的是直线，却没想到在接近苦艾的时候已经完全偏离了原来的方向。

他继续前进，走了一会儿，又有一个黑色的东西映入眼帘。令他依然失望的是，当他走近看的时候，才发现依旧只是一株苦艾——一株被狂风摧残过的苦艾。另外，他还发现在苦艾的旁边，还有些许模糊不清的马蹄印。他停下来，仔细看了看，突然意识自己一直在这里兜圈子，因为这些马蹄印正是他的那匹马留下的。

古德贝克——这个挪威生理学家曾经专门研究过这种闭着眼睛转圈的现象，而且找了很多证明案例，下面就是他搜集到的众多例子中的两个：

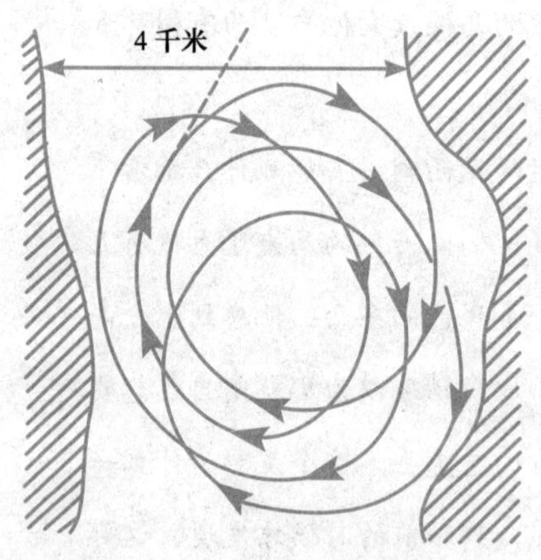

图 8–6 三位旅行家转的圈圈

一天夜里，下着大雪，有三位旅行者本想通过穿过峡谷的办法（如图8–6中的虚线）回到家中，而不是通过走大路，但遗憾的是，他们的实际行走路线却如图8–6

中的实线。在他们走的过程中，他们的方向偏向了右，原本是直线的路线现在反而成了曲线。当他们千辛万苦走到“出口”的时候，才发现自己走错了。于是，他们又回到出发点，重新开始走。

在整个过程中，他们一共走了五圈，但是结果都令人失望。而且每当他们回到出发点重新走的时候，偏差都会比上一次大一点。最后，他们决定放弃这个计划，原地等待救援。

如果说上面的情况对于我们已经很困难了，那么下面这个当属最困难：让一只小艇，在没有任何亮光或有浓雾的天气里，在大海上没有困难地按直线划行。

下面我举一两个例子来证明。如图8–7所示，在一个海峡（宽约4千米）中，他们两次都划到了临近对岸的地方，但最终又回到了出发点，整个路线就是两个圈。

不仅人类会出现这种现象，一般的动物也同样如此。根据极地探险家的描述，如果把一只被蒙上眼睛的拉雪橇的狗扔进水里，它就会在水里转圈。另外，如果一只野兽被击伤，它也会无法辨别方向，因为此时的它受到了不小的惊吓，而且即使他逃跑，其路线也是螺旋线而非直线。如果一只鸟的眼睛有残疾，那么它也会在空中打转。

除了上面提到的例子，水母、螃蟹、蝌蚪，甚至是阿米巴虫这种很小的微生物的运动轨迹都是曲线，这已经经过动物学家的证明。

图 8–7 浓雾中在海峡中划船的路线

看了上面的例子，我们不禁要问这是为什么，为什么如果人和动物处在黑暗中就没有办法直行呢？

这个问题听起来很神秘，但那只是我们的问法让它显得神秘，如果我们换一个问法，它的神秘的面纱就会被我们揭开了。我们之前问为什么动物处在黑暗中就没有办法直行，其实我们不应该这样问，我们应该问：在什么样的条件下，动物们可以走直线？

相信大家都见过玩具汽车这种在孩子们中间很受欢迎的东西，那么你知道它跑动的原理吗？我们在观察它的时候，会发现在很多情况下，玩具车走的是曲线而非直线。对于这种现象，我们一般不会感到惊讶，因为我们知道这是两个轮子旋转速度不一样而造成的。

所以，根据同样的道理，我们可以推断，要想在蒙住眼睛的情况下直行，人和动物左右的肌肉应该运动得完全一样。但实际情况是，大多数人和动物的左部肌肉并不如右部肌肉发育得那样强壮，这种不完全对称的发育使我们必须借助眼睛的帮助来直行。

知道了上面的这个道理，我们就会明白为什么步行者不可能沿着直线前进：因为他一条腿迈的步子要比另一条腿迈得小，在这种情况下，如果再把他的眼睛蒙上，他所走的路线一定会向左或者向右偏斜。

同样，我们也就可以解释划船偏斜的原因：在有浓雾的天气下，划船者根本无法辨别方向，而此时他的右臂比左臂使的力气大，所以小船就向左斜去。从几何学的角度看，这些都是必然发生的事情。

假设一个人右腿迈的步子比左腿迈得短1毫米，那么，在左腿迈了1000步、右腿迈了1000步后，这个人的右腿就要比左腿少走1000毫米，即1米。在这种情况下，要想让他走出直线的可能性就为零了，走出来的只能是两个同心圆的圆周。

在这里，可以利用上例中几个旅行者在雪地绕圈的图例，算出他们左腿比右腿迈步长出了多少，因为在行进中，他们的路线是偏右的，所以他们左腿迈步比右腿大。

一般而言，人在行走当中，双脚走出的两条足迹线的间距差不多为10厘米，当一个人走完一个圆周后，右腿所走过的距离为$2\pi R$，左腿走过的距离为$2\pi(R+0.1)$，在这里，R代表半径，单位是米。$2\pi(R+0.1)$ 和 $2\pi R$ 的差是：

$$2\pi(R+0.1)-2\pi R=2\pi\times 0.1$$

如果我们把π取为3.1，那么计算的结果就是0.62米，以毫米为单位，就是620毫米。这个结果表示左腿走的路要比右腿走的路长620毫米。因为这几位旅行者所转的圈子的直径大约有3.5千米（如图8-8），那么我们可以计算出它的周长大约为10千米。

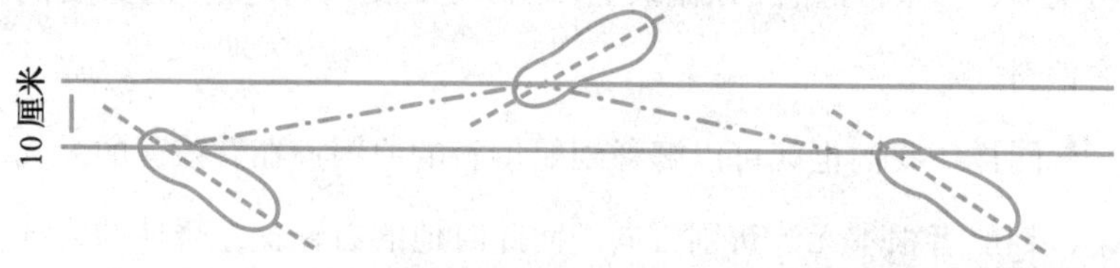

图 8-8 走路时左右两腿的踏脚线

接下来，我们又可以计算他们一共走了多少步：假设他们的步长是0.7米，即0.0007千米，那么他们一共走了$\frac{10000}{0.7}\approx 14000$步，又因为左右脚迈的步子数相同，所以左脚和右脚各自迈了7000步。

另外，我们还知道左腿和右腿所走的路程的差为620毫米，那么我们就可以计算出在迈出的每一步中，左脚比右脚多走的路程，即$\frac{620}{7000}$毫米，粗略估算，这个值比0.1小。而就是这小小的差值产生了巨大的谬误！

左腿迈的步子和右腿迈的步子在长度方面的差值，决定了迷路的人所走出的圆圈半径的大小。我们可以用下面的方法来表示它们两者之间的关系。如果步长为0.7米，因为圆圈的周长为$2\pi R$（其中

R代表半径，单位为米），所以走一圈要迈$\frac{2\pi R}{0.7}$步。因为左腿和右腿迈的步子数相同，所以右腿都走了$\frac{2\pi R}{2\times 0.7}$步。

最后，我们只要把得出的这个结果和x（左右腿迈的步子长度的差值）相乘，就可以得出左右腿所走出的两个同心圆长度的差值：

$$\frac{2\pi\times Rx}{2\times 0.7}=2\pi\times 0.1$$

化简得：

$$Rx=0.14$$

在这里，我们所用的R、x的单位都是米。

我们已经求出了左右腿所迈步子的长度的差值，即上面的式子，那么再求出圆圈的半径就很容易了，或者反过来，如果我们已经知道了圆圈的半径，那么再求出左右腿所迈步子的长度的差值也就很容易被求出。

举个例子来说，我们可以计算出上面提到的在威尼斯马尔克广场上做实验的人们所走的圆圈的半径的最大值。如图8–5所示，在他们走出的圆圈中，矢AC的值为41米，半弦BC的值小于175米，那么可以求出弧AB的值：

$$BC^2=2R\cdot Ae+Ae^2$$

在这里，我们可以粗略地把BC的值取为175米，得：

$$2R=\frac{BC^2-AC^2}{AC}=\frac{175^2-41^2}{41}\approx 700（米）$$

从上面的式子可以得出，圆圈半径的最大值大约为350米。那么实验中人们走出的圆半径最大值要小于350米。

上面我们已经得出$Rx=0.14$的式子，现在我们又知道了半径R的值，那么我们就可以计算出步长的最小差值，所列的关系式为：

$$350x=0.14$$

计算得：

$$x=0.4（毫米）$$

对于左右腿迈的步子的长度会出现差值的现象，许多人会做出这样的解释：我们大多数人的右腿要比左腿短一点，所以我们走路的时候就会自然地向右偏，而这正是造成我们在无法辨别方向时就会盲目打转的原因。

乍一看，这种解释似乎很有说服力，但是如果我们经过严密的计算，就会发现这种理论在几何学上是靠不住的。如图8–9所示，如果我们走路的时候，迈的每一步的角度都相同，即$\angle B_1=\angle B$，那么我们依然能够在左右腿长度不等的情况下迈出长度相等的步子。所以，正确的解释应该是：不是左右腿的长短而是步子的长短造成了上面的现象。

更详细地来说，我们可以再回到图8–9，因为$A_1B_1=AB$，$B_1C_1=BC$，又$\angle A_1B_1C_1=\angle ABC$，所以根据三角形全等证明原理，$AC=A_1C_1$。反之，如果人们走路时$\angle A_1B_1C_1$和$\angle ABC$不相等，那么即使$A_1B_1=AB$，$B_1C_1=BC$，得出的结果也不会是$AC=A_1C_1$。

同样，划船的原理也在于此：我们划船时，大多数情况下左手用的力气要比右手小，所以小艇就会向左偏并且绕起圈子。另外，如果一只鸟飞翔时左右翅膀用的力气不同，或者某个动物两只脚迈的步子长度不一样，即使这些差异很小，它们也会在视觉受到影响的情况下绕起圈子来。

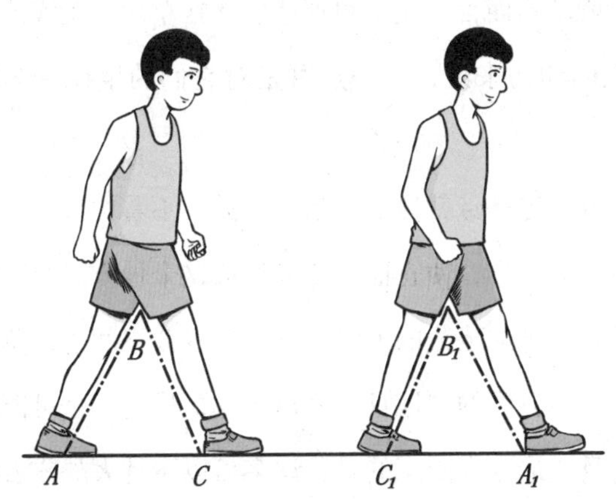

图 8–9　假如每一步的角度相同，步长一定相等

如果我们起初就用这种观点来看待事情，我们就会感觉这些事情很自然，根本没什么神秘的。相反，如果我们，甚至动物，在眼睛被蒙上的情况下还能走出直线，这才令人惊异。为什么这样说呢？因为只有在我们的身体各个部分成完全对称的情况下，直线运动才可能发生，也就是说，只要我们的身体某一部分在对称上稍有偏差，直线运动都会被弧线运动所取代。然而，从生物学的角度看，这种完全对称的情况又根本不存在。所以，我们之前所认为的再正常不过的事情其实是一件根本不可能发生的事情，相反，我们之前所感到不可思议的事情才实实在在地发生在我们的生活中。

虽然我们并不能保持完全地直线前行，但是这几乎并没有对我们的生活产生什么实质影响，因为我们可以通过地图、道路、指南针等工具来解决它可能对我们造成的不利影响。

然而，就动物而言，尤其对那些生活在草原、荒漠或者无边无际的海洋上的动物来说，这一点可是对它们的生存有实质影响的大事。

打个比方，这一点就像是一条看不见摸不着的链子，把它们牢牢拴在了生长的地方，使它们不能够远离这个地方。海鸥即使离开悬崖上的巢穴，飞向茫茫的大海，它最终也会飞回来；草原上的狮子，如果走得离自己的“地盘”稍远了点，最终还是可能回到原来的地方；而且，最令人困惑的是，许多可以飞越大陆或者海洋的鸟类，竟然可以按直线飞越大陆或海洋。

徒手测量法

马因·里德小说中的那位航海少年，最后能将那些题目顺利地解答出来，原因就在于，他在出发之前，曾对自己的身高进行了一次测量，并且将这些测量的数据记下来。如果我们每个人都有一把这样的“直尺”，当我们需要的时候就可以用来度量了。想一想，那该是一件多么好的事情呀！

此外，达·芬奇这位艺术家提出来的一个法则也要牢记，这是相当有用的。法则是这样的：大多数人将双臂伸直，左右平行，其两手指端之间的长度，正好与自己的身体的高度一样，如图8-10所示。这个法则相比于那个航海少年的方法，来得更方便一些。

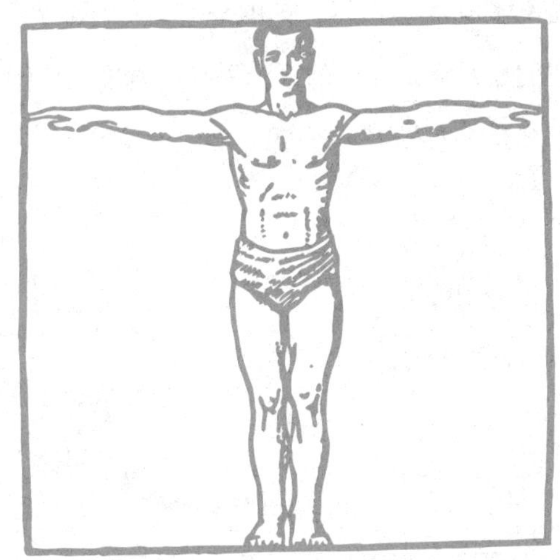

图8-10　达·芬奇的法则

我们都知道，一个成年人的平均身高是1.7米，即170厘米。不过，不能只将这个数字记住，还要把自己的身高和臂展的精确长度牢牢记住。

在没有度量工具的时候，如想将较短的长度测量出来，最好的工具就是我们自己的大拇指与小拇指交叉间的最大距离，如图8-11。成年人大小两拇指之间的距离是18厘米，而青少年随着年龄的增长，这个距离会由短到长，一般到25岁左右不再变化。

此外，我们最好还要将自己的食指的长度测量出来并记住。食指的测量方法有如下两种：如图8-12，从中指指根算起；另一种是从拇指指根算起。

我们还要清楚食指和中指间叉开的最大距离。对于成年人来说，此距离差不多就是10厘米，如图8–13。

最后，我们还要清楚自己的每个手指的宽度。中间三个手指并拢的宽度差不多是5厘米。

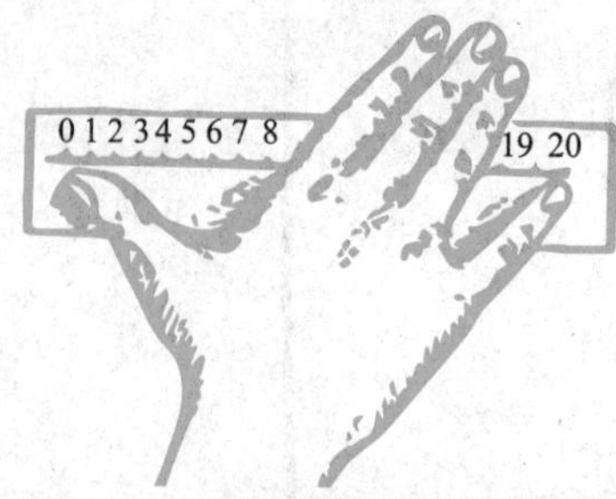

图 8–11　两指端间距离的度量

图 8–13　两指端间距离的度量

图 8–12　食指长度的测量

图 8–14　徒手测量杯子的周长

清楚了以上数据，即使在黑暗中，也可以徒手顺利地完成各种测量。如图8–14，这个方法就是其中的一种。那就是利用手指来量一只杯子的周长。取平均值，这个杯子的周长就是18+5，即23厘米。

黑暗中的直角

【题】现在，我们再回到那位航海少年所做的数学计算上。让我们以此出一道题：他应该怎样将一个直角做出来呢？

我们在小说中读到如下文字：

将长杆紧贴在短木条露出的一段木条上，并使之与木条之间成为一个直角。不过，在那样黑暗之中仅靠手指的触摸来做这件事会造成相当的误差。然而，这个少年在如此的环境下，却用了一个相当靠谱的方法。这是一个怎样的方法呢？

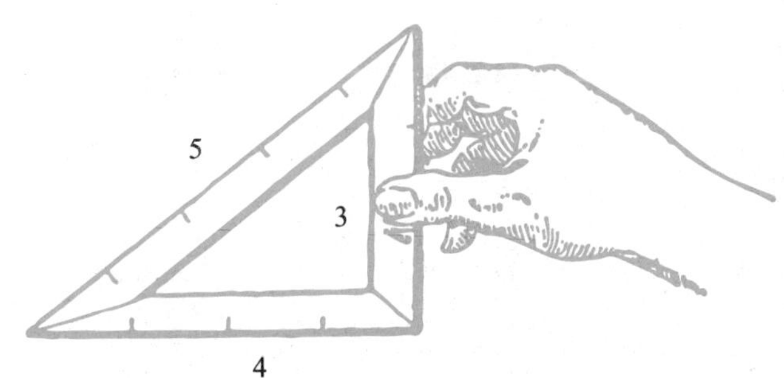

图8–15　一个最简单的边长都是整数的直角三角形

【解】实际上，只是运用了勾股定理。我们运用勾股定理将三条木棒按一定的比例做成一个直角三角形。最简单的方法是三条边分别取3、4、5，单位则可以随意取，如图8-15。

这仅仅是一个古老的方法。不过如今，我们还在建筑工作中用到它。

名师点评

本章在测量木桶的体积时，先后测量了柱体木桶的高度h，木桶的半径$\frac{R+r}{2}$（圆台的大底面半径与小底面半径的平均值），由此根据柱体体积公式$V=S_{底}\cdot h$，得$V=\pi\left(\frac{R+r}{2}\right)^2\cdot h=\frac{\pi h}{4}(R^2+r^2+2Rr)$。

当绕圆圈走路时，每走一圈，左脚和右脚相当于是在2个同心圆的轨迹上走动，如下图，假设右脚所走路线半径为R，左脚所走路线半径为r，左右脚各走n步，右脚比左脚步长长x，则有等量关系为：$nx=2\pi R-2\pi r$。由此便可在R，r，n，x中知三求一。

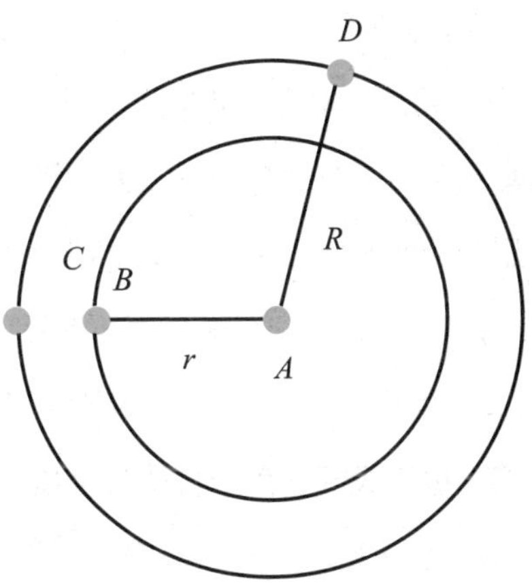

图8–9中的几何论证中用到了全等三角形的原理，转化为数学问题为：

如下图，已知$AB=A'B'$，$\angle ABC=\angle A'B'C'$，$BC=B'C'$，求证$AC=A'C'$。

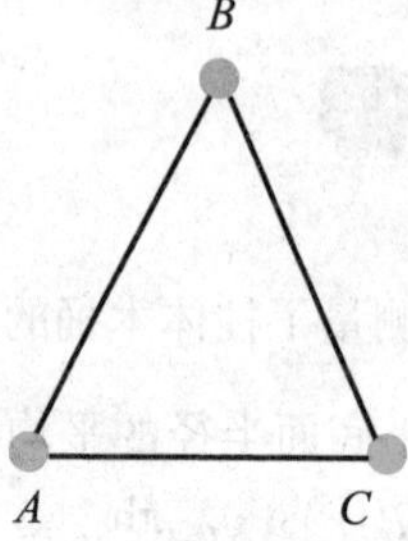

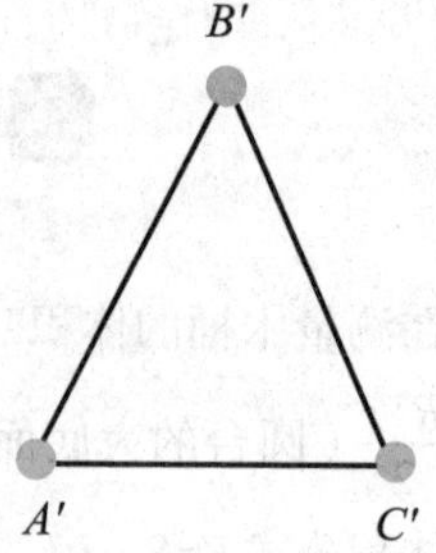

证明：在$\triangle ABC$和$\triangle A'B'C'$中，

$AB=A'B$

$\angle ABC=\angle A'B'C'$

$BC=B'C'$

$\triangle ABC\cong\triangle A'B'C'$（$SAS$）

$AC=A'C'$（全等三角形的对应边相等）

黑暗中构造直角三角形时，想要直观去拼接一个直角相对比较困难。这里需要用到的便是勾股定理的逆定理，即“如果三角形的三边长a，b，c满足$a^2+b^2=c^2$，那么这个三角形是直角三角形”。而文中所取的三边长分别为3，4，5，它们刚好满足$3^2+4^2=5^2$，即为一组勾股数，所以三边拼成的三角形自然为直角三角形。

第九章 关于圆的新旧材料

一提到实用几何计算方法，我们不得不提到古代埃及人和古罗马人。他们在这方面的智慧，不仅在当时受到人们的赞叹，时至今日，在经历了几千年的沧海桑田变化的今天，仍然受到世人的景仰。在本章，我们将一起领略古埃及人和古罗马人在实用几何方面的风采。

古埃及人和古罗马人的实用几何学

已知一个圆的直径，求它的圆周。对于今天的初中生来说，这根本是小菜一碟，是最简单的几何题。但是在古代，它属于“尖端技术”，只有埃及的祭司或罗马帝国最有本领的建筑家才能计算出来。虽然他们在当时是非常了得的，但是他们的精确度却比不上今天任何一名初中生。其原因主要是圆周长和直径的比值问题。

古埃及人认为这个数字是3.16，而罗马人则认为是3.12，我们每一个学过几何基础知识的都知道应该是3.14159……后代的数学家是通过严格的几何学计算出来的，而埃及和罗马的数学家则是完全根据经验来确定圆周长和直径的比的，所以就会出现这样的差异。

有人发出疑问了：就算是根据经验，误差是否也不应该这样大？把一根细线缠绕在一个圆形物体上，把线解下来，再量出它的长度。这样简单实用的方法，难道他们想不到吗？难道用这种方法还会有那么大的差异吗？实际上，他们确实是这样做的。而结果，确实有差异。如果你不相信，你也可以亲自做实验来验证一下。

假设有一个直径是100毫米的圆底花瓶，根据我们的计算，瓶底的圆周长应等于314毫米。可是事实却可能不是这样，你用来测量的那根细线，可能会等于313毫米，也可能会等于315毫米。在实际操作中，误差1毫米是很正常的事情，但是这样一来，我们计算出的π值就会等于3.13或3.15了。还有，在测量花瓶的直径时，也很有可能发生1毫米的误差，测得的数值并不十分准确。所以，我们用这种方法所得到的π值将会在$\frac{313}{101}$和$\frac{315}{99}$之间。用小数来表示，就是在3.09和3.18之间。它们可能分别是3.1、3.12、3.17等，这其中偶然也会碰上3.14。但是，在这种情况下，谁又能说这个值比其他值具有更重要的意义呢？

只要实验方法类似，所得到的π值就不可能是比较准确的。因此，著名科学家阿基米德不用度量而用推理的方法就得出π的值是$3\frac{1}{7}$，就不难解释了。

圆周率的精确度

《代数学》是古代阿拉伯数学家穆罕默德·本·木兹的著作，其中有几行与圆周计算方面有关的内容：

> 最佳的方法是将直径乘$3\frac{1}{7}$。

理论上已经证明，圆周和直径的比值根本不可能用任何一个精确的分数进行表示，所以阿基米德用$3\frac{1}{7}$来表示并不是完全准确的。

到现在为止，我们也是只能写出某个近似值，不能计算出它的精确值。虽然如此，这一点也不影响人们在实际生活中的应用。因为，即使是实际生活中所必需的最苛刻的要求，这个近似值的精确度也已经远远超过了。

最早比较精确计算圆周和直径比值的，是中国的刘徽和祖冲之。公元3世纪时，数学家刘徽用所谓的“割圆术”求得圆周和直径比值的近似值是3.14。不仅如此，他还指出，用同样的方法还可以继续求得更精确的近似值3.1416。公元5世纪时，中国数学家祖冲之在此基础上，继续推算出圆周和直径比值在3.1415926和3.1415927之间。

16世纪时，有一位欧洲的数学家计算出，圆周和直径比值可以精确到小数点后35位。他自己也觉得这是一件非常了不得的事情，所以他要求人们在他死后把这个数值刻在他的墓碑上（图9-1）。这个值是：

3.14159265358979323846264338327950288……

18世纪时，人们开始觉得“圆周和直径的比值”这种说法比较啰唆，于是给它取了一个名字，叫作圆周率，直到今天我们仍然沿用着这个名字，并且用希腊字母π来表示。

19世纪时，德国的数学家圣克斯计算出精确到小数点后707位的π值。不过，将π计算得如此精确，除了是一个科学研究的数值之外，无论是在实际应用还是在理论研究上，都几乎没有什么太大的意义。只是对那些闲来无事想要破“纪录”的人来说，可能还有一点意义。

1946—1947年，曼彻斯特大学的弗格森和华盛顿的伦奇分别

图 9–1 数学碑文

计算出精确到小数点后808位的π值，而且他们还“非常荣幸地”发现了圣克斯计算的π值小数点528位以后的错误。

假设我们知道地球直径的精确长度，要求计算出地球赤道的圆周长，精确度要求到1厘米，我们也只需要用到小数点后九位的π值就可以了。如果我们要计算的是地球到月球间的距离做半径的圆周长度，也只需要用到小数点后18位的π值，而且误差不会超过0.0001毫米。（大约只有一根头发的1%粗！）

俄罗斯的数学家格拉韦则为我们清楚地说明：就算是精确到小数点后100位的π值，对人们而言也没什么意义了。

有人就曾经计算过：假如有一个球体，它的半径和地球到天狼星的距离相等，是在132后面再加10个0的千米数，即132×10^{10}千米。再假如这个球中充满了微生物，每一立方毫米中就有10亿（10^{10}）个微生物。再假设这些微生物都排成一条直线，而且每两个相邻微生物之间的距离正好等于天狼星到地球的距离。现在，我们以这个幻想的长度作为圆的直径，取得的π值可以精确到小数点后100位，那么，我们计算得到的这个巨圆的圆周长，可以精确到$\frac{1}{1000000}$毫米。

法国天文学家阿拉戈关于这个问题有自己精辟的见解：“即使圆周长和直径之间的比值可以用一个完全精确的数字来表示，从精确度的意义上来讲，我们也不会因此得到什么更好的用途。”所以我们完全没必要记住圆周率的精确值，没必要记住小数点后几百位、几千位。一般的日常计算，只要记住小数点后两位（3.14）就可以了，如果计算要求比较精确，一般也只需要记住小数点后四位（3.1416，其中最后一位是6而不是5，主要是按照四舍五入的原则）。

记忆π的值虽然艰难，但是有很多人感兴趣，为了便于记忆，中国人还创造了专门的诗歌或者小故事。其中有一首流传较广的打油诗：

山巅一寺一壶酒，（3.14159）
儿乐，苦煞吾。（26535）
把酒吃，酒杀儿。（897932）
杀不死，乐儿乐。（384626）
……

通过记忆这首谐音的“圆周率”打油诗，我们甚至可以把这个无规律的π值记到小数点后100位。

杰克·伦敦的错误

《大房子里的小主妇》是杰克·伦敦的长篇小说，其中有一段描述也与几何学的计算有关。

在田地中央深深地插着一根钢杆，钢杆的顶端和在田边的一部拖拉机被一条钢索紧紧相连。司机只要一按下启动杆，发动机就开始工作起来。

拖拉机以钢杆为中心，做圆周运动，沿着它的四周画了一个圆圈。

格雷汉姆觉得，“用这种耕作方法来耕这块方行的田地，会有很多土地被荒废掉”，所以“为了彻底改进这部拖拉机的工作”，他要求，“把它所画出的圆形改变成正方形”。

格雷汉姆通过计算说：“几乎每十英亩地就要荒废掉三英亩。只会比这个数多，不会比这个数少。”

下面我们就一起来验算一下他的计算结果。

【解】假设这个正方形田地的边长为a，那么，这块地的面积就是a^2。它的内切圆直径同样也等于a，而内切圆的面积是$\frac{\pi a^2}{4}$。因此，正方形地块中被荒废的部分就是：

$$a^2-\frac{\pi a^2}{4}=(1-\frac{\pi}{4})a^2=0.22a^2$$

正方形田地里没有耕种的部分，大约只有22%，并不会达到甚至超过30%。所以，他的说法是不正确的，每十英亩中损失的地要少于三英亩。

掷针实验

本节中，我们做一个有趣的实验，用来计算π的近似值，也许这种方法你会觉得非常新奇，甚至会觉得有点匪夷所思。

这个实验需要的材料很简单，一些缝衣针和一张白纸。缝衣针的粗细一定要相同，长度在2厘米左右比较合适，最好把针尖去掉。在白纸上画无数条平行的直线，线和线之间的距离是针长的两倍。我们还可以在纸下面铺一层厚纸或者呢绒之类的东西，这是为了避免针在落到纸面上的时候弹起。一切准备好后，从任意高度把针抛掷在纸上，同时注意观察针能否和某一条直线相交叉，如图9–2（a）。

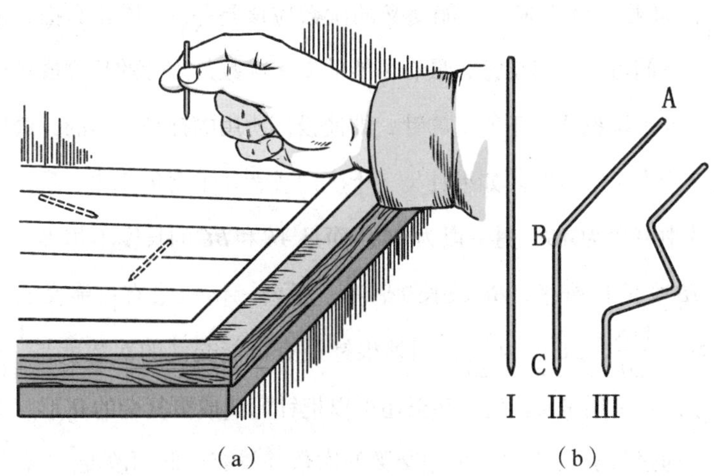

图9–2　掷针实验

为了实验的准确性，需要不断地重复投掷上百次甚至上千次，总之越多越好，投掷的次数越多，我们得到的值相对来说就会越精确。只是千万别忘记每次都要把针和直线是否交叉记录下来（即使只有针的一端碰到直线的时候，也算作一次交叉）。

投掷结束后，用所投掷的总数除以交叉的次数，就可以得到π的近似值。你是不是觉得有点不可思议？我们可以通过计算来一窥其中的奥妙。

假设针和直线相交叉的次数是K，已知我们投掷所用的针长度是20毫米。针和直线交叉，它们的相交点肯定是针的某一处，也就是20毫米中的某一处。而且，20毫米中的任何一毫米的机会是相等的，所以每一毫米和直线交叉的最有可能的次数应该是$\frac{K}{20}$。假如我们截取针上长3毫米的一段，那么，它和直线相交叉的次数应该是$\frac{3K}{20}$，如果长11毫米，可能交叉的次数应该是$\frac{11K}{20}$，依此类推。由此，我们可以得出结论，最有可能的交叉次数是和针的长度成正比的。这个推论适用于所有的针，即使投掷所用的针是弯曲的，最后的结论也是一样的。如果针呈三十度角或者几十度角弯曲，我们假设其中一段为AB，另一段为BC。而且AB和BC的长度不相等。假如AB段长11毫米，BC段长9毫米。那么，AB段最有可能交叉的次数是$\frac{11K}{20}$，BC段为$\frac{9K}{20}$，则整根针最有可能交叉的次数就是$\frac{11K}{20}+\frac{9K}{20}$，结果还是$K$。我们甚至还可以把针弯曲成更复杂的$W$形，但是，通过计算，我们发现相交叉的次数并没有因此而改变。（必须注意的是：弯曲的针可能会与直线同时出现几处相交叉的点，这时，我们必须把每一个交叉点都做一次计算，因为它们是代表每一段的交叉的。）

再假设把针弯成一个圆形，圆形的直径（是我们刚才所用针长的两倍）和两条直线间的距离相等。每次投掷圆环的时候，这个圆环一定会和两条直线相交叉（或者和两条直线相接触，无论如何，每次投掷一定会有两次交叉）。假设投掷的总次数是N，那么，相交叉的次数就是$2N$。我们刚才用的直针长度要比这个圆环短，针的长度和圆环的长度的比值，等于圆环半径和圆周长的比值，也就是等于$\frac{1}{2\pi}$。

根据我们刚才得出的结论，最可能的交叉次数和针的长度成正比，所以，这根针与直线最可能的交叉次数（K）也应该和$2N$成$\frac{1}{2\pi}$的比，即$K=\frac{N}{\pi}$。公式变形，得出：

$$\pi=\frac{N}{K}=\text{投掷次数/相交叉的次数}$$

从公式我们可以看出，投掷的次数越多，计算所得到的π值就会越精确。

在19世纪中叶，瑞士的一位天文学家伍尔夫，在经过5000次的投掷实验后，得到π的值是3.159……只比阿基米德得出的数字稍微逊色一点点。

由以上的介绍可知，圆周和直径的比值是可以用实验方法求得的，而且无须画图，更不用画直径。简单地说，即使是一个不知道几何学，甚至对圆一无所知的人，也可能确定出π的近似值来。当然，前提是他要有足够的耐心来重复进行多次的掷针实验。

圆周的展开

【题】在实际应用中，只需用$3\frac{1}{7}$来代替π的数值就可以了。当我们将π的数值取为$3\frac{1}{7}$时，怎样将一个圆周展开在一条直线上呢？

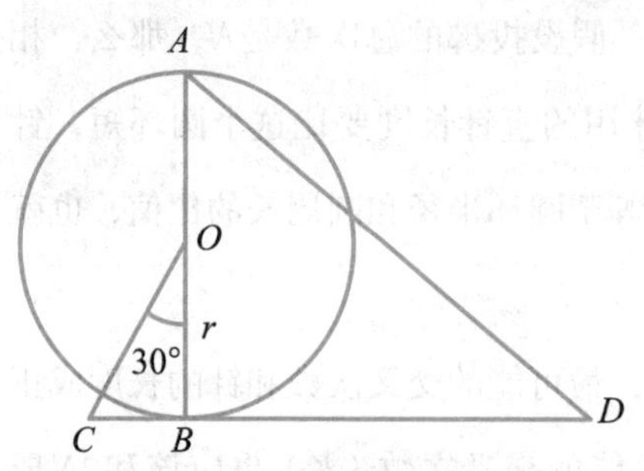

图 9–3 展开圆周的简易几何方法

众所周知，将一条直线七等分是相当容易的事情。实际上，展开圆周的方法有很多，像木工和铁匠都有自己的一套方法。在此，我不做具体介绍，我只给大家介绍一种相当简单却精确的方法。如图9–3，这是一个展开圆周的简易的方法。倘若我们想将一个半径为r、圆心是O的圆展开，第一步就是做出直径AB，在B点做一条和AB垂直的直线CD，接着，从圆心O做直线OC，要让它和直线AB形成30°的角。再然后，从C点起，在CD线上取一段半径长度3倍的直线，而且要将得出的D点与A点连起来。那么，AD的长度就与半个圆周的长度一样了。

倘若将AD线段加长一倍，你就可以得到圆周展开后的相近的长度。

用此种方法所得的数值的误差不会大于$0.0002r$。

问：此方法的原理是什么？

【解】由勾股定理可知，$CB^2+OB^2=OC^2$。

我们用r代表半径OB，此外，CB=OC的一半，CB正好是直角三角形对着30°的直角边。那么，上面的式子就可以变为：

$$CB^2+r^2=4CB^2$$

然后，在三角形ABD中，

$$BD=CD-CB=3r-\frac{r\sqrt{3}}{3}$$

$$AD=\sqrt{BD^2+4r^2}=\sqrt{\left(3r-\frac{r\sqrt{3}}{3}\right)^2+4r^2}$$

$$=\sqrt{9r^2-2r^2\sqrt{3}+\frac{r^2}{3}+4r^2}$$

$$=3.14153r$$

如果把这个结果和用精确度很高的π值（π=3.141593）所算出来的结果进行比较的话，就会发现，两者之间的差距只有0.00006r。用这个方法展开一个半径为1米的圆周，那么，半个圆周所产生的误差就只有0.00006米，而整个圆周的误差也不过才0.00012米，也就是0.12毫米（像一根头发那么细）。

方圆问题

很多读者可能都听说过“方圆问题”。早在2000年前，数学家就开始研究这个几何趣题。我相信，一定会有读者尝试过解答这个问题。不过，对于大多数读者来说，这个问题都太难了，让他们不知如何去解答。或许，由此一些人会认为方圆问题是个无法解开的难题，而对于这个问题的实质和解答上的困难程度却不是很清楚。

事实是，不管是在理论上还是在实用方面，比方圆问题更加有趣的题目都存在于数学王国中。不过，就熟悉程度而言，却没有任何一道题目比得过方圆问题。为了它，许多杰出的数学家和数学业余爱好者在这长达2000多年的时间里花费了无数的时间、精力。

所谓的“方圆问题”，即要求出一个面积和已知圆面积完全相等的正方形。在实际生活中，我们常常会遇到此类题目，而且已经被我们解答了出来，差别就在于精确度不一样。不过，这个古代题目是如此的引人入胜，要求的精确度是如此之高，而且只能使用两种作图方法来解决，即：以一个已知点为圆心，做出已知半径的圆；通过两个已知的点作一条直线。

换言之，要完成这个作图只能使用圆规和直尺这两种绘图仪器。

有这样一种看法广泛存在于非数学界的人群中间，那就是：这个题目的全部困难在于，圆周和直径的比（π值）不可能用有限的小数来表示。

事实上，只在特定的意义下，这种看法才是对的，也就是把题目的可解性取决于π的特殊性质的情况下。实际上，把矩形变成等面积的正方形是相当轻松的一件事，而且也可以精确解答。不过，倘若想把圆变成一个等面积正方形，那就相当于仅用圆规和直尺就要将一个和已知圆等面积的矩形作出来。我们知道圆的面积公式是$S=\pi r^2$或$S=\pi r\times r$，那么，圆的面积就和一个矩形的面积相等，只不过这个矩形的一边是r，另一边则是r的π倍。所以，全部问题就在于要将一条线段做出来，而且这条线段的长度要是已知线段长度的π倍。我们已经知道，π既不完全等于$3\frac{1}{7}$，也不完全等于3.14或者3.14159。因为表示π值的是一系列位数没有止境的数。

早在18世纪，上述π的特性，即它的无理数的性质，就已经被数学家兰伯特和勒让德尔两人证明了。不过，这并不能阻止人们继续研究“方圆问题”。他们认为π是无理数，这一点并没有让这个题目变得不可解决。然而，这些无理数确实是可以用几何学方法“画”出来的。

比如，要做一段长度是已知长度的$\sqrt{2}$倍的线段。虽然$\sqrt{2}$和π同属无理数，做出这样一条线段却是很容易的，因为它的长度与用已知线段做边的正方形的对角线相等。

无论哪位初中学生都会很容易地做出$a\sqrt{3}$线段，这个数字是圆内接等边三角形的边长。再进一步，而根据下面这个看上去相当复杂的无理式来作图，也是一件相当轻松的事情：

$$\sqrt{2-\sqrt{2+\sqrt{2+\sqrt{2+\sqrt{2}}}}}$$

由于要求这个式子的值，只要做出一个正六十四边形来就行了。

因此，你会发现，倘若无理数存在于一个算式中，只需用圆规和直尺就可以将图做出来。“方圆问题”不可解的原因，并不完全是由于π是无理数，而是因为它具有另一个特性。因为π不是一个代数学上的数，所以，它也不可能成为某种具有有理系数的方程的根。这种数就是所谓的超越数。

14世纪，法国的一位数学家维耶特证明了：

$$\frac{\pi}{4}=\frac{1}{\sqrt{\frac{1}{2}}\times\sqrt{\frac{1}{2}+\frac{1}{2}\sqrt{\frac{1}{2}}}\times\sqrt{\frac{1}{2}+\frac{1}{2}\sqrt{\frac{1}{2}+\frac{1}{2}+\sqrt{\frac{1}{2}}}}}$$

……

在这个表示π值的式子中，假设所有的数都是经过有限次运算能求出的，那么，就可以解决方圆问题。但是，由于其中开平方的次数是无穷的，所以，维耶特的算式对于解决这个问题也是无能为力的。

由此可知，之所以无法解决方圆问题，是因为π是一个超越数，它不可能通过解答含有有理系数的代数方程求出。早在1889年，π的这个特性就被德国数学家林德曼证明了。实际上，这位数学家可谓是解答方圆问题的唯一一人，即便他的答案是否定的：他证明了用几何学的作图方法解这道题目是行不通的。

从此以后，数学家们结束了长达几百年的探索和努力，不过，许多的数学爱好者仍旧没有停止过这一无结果的尝试。

方圆问题，从理论上讲就是如此。

实际生活中，它却并不需要多么精确的解答。很多人以为，精确地解答方圆问题，在实际生活中有着重要作用，其实，这是没有必要的。因为，已知的适当的近似求解方法，已经完全满足日常生活所需了。

事实上，从计算出π在小数点后七八位数字那时起，方圆问题的研究就没有什么意义了。在实际生活中，我们只要知道π=3.1415926就已足够了。将π取到小数点以后8位，更是没有意义的。计算的精确度并不会因此而提高。

假如半径用7位数来表示，那么，即便π取到小数点以后100位，圆周长度也不会包含多于7位数更多的数字。古时候的数学家为了尽可能多地求取π值，花费了无数精力、心力，其实也没有什么实际价值，在科学发展史上的意义也不大。说到底，这只是一件需要你付出极大耐心的工作。如果你恰巧对这个问题很感兴趣，同时又有足够的时间和精力，那你就可以孜孜以求。

以下，是大科学家莱布尼兹求出的无穷级数：

$$\frac{\pi}{4}=1-\frac{1}{3}+\frac{1}{5}-\frac{1}{7}+\frac{1}{9}-\cdots\cdots$$

请记住，这只是一个有限意义的算术练习题，它对这个著名的几何题的解答没有什么作用。

关于这件事情，法国的天文学家阿拉戈曾经如此写道：

那些企图将方圆问题加以解答的人们，仍然在坚持进行着演算。事实上，人们早就证明了，这个问题是不可能得到答案的，而且，纵然这个解答就算可以得到，也不会有任何实际意义。实际上，这个问题已不值得我们继续加以讨论。那些仍然沉迷其中不能自拔的人，将不会得到任何结果。

最后，这位天文学家用讽刺的口气结尾：

所有国家的科学院在反对人们解答方圆问题时会发现，一般会在春天，这种病症会加重。

宾科三角形

在本节中，我将要向大家介绍一种解答方圆问题的近似解法。这种方法倘若运用到实际生活中，会带来很大的问题。

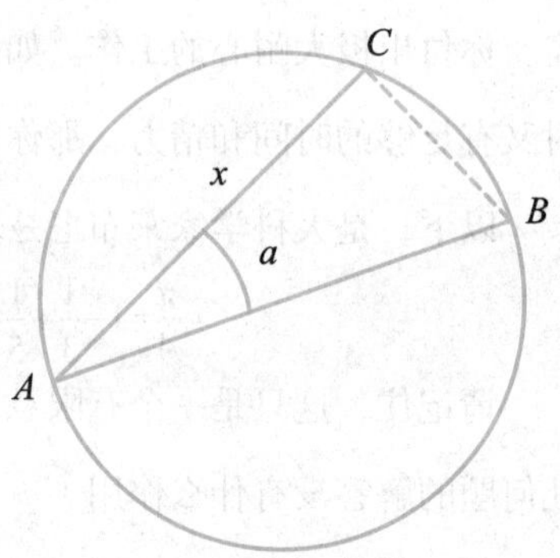

图 9–4　方圆问题的近似解法

方法如下：

如图9–4，找一个a角，让它和直径AB成a角的一条弦AC等于x。这恰好是所求正方形的边。倘若想将这个角的大小求得，我们就需要利用余弦的公式：

$$cos\alpha=\frac{AC}{AB}=\frac{x}{2r}$$

其中，公式中的$cos\alpha$是角a的余弦函数，也是这个角和邻边的弦的边值。那么，我们要求的正方形的边长即为$x=2rcos\alpha$，面积就等于$4r^2cos^2\alpha$。换个角度看，正方形的面积就等于πr^2，即这个圆的面积。所以：

$$4r^2cos^2\alpha=\pi r^2$$

由此可知：

$$cos^2\alpha=\frac{\pi}{4}$$

$$cos\alpha=\frac{1}{2}\sqrt{\pi}=0.886$$

查三角函数表，得：

$$\alpha=27°\quad 36'$$

所以，我们仅需做一条和直径成$\alpha=27°36'$的弦就可以得到面积和此圆相等的正方形的边长了。在现实生活中，我们运用此方法，做一块具有27°36′锐角（另一锐角是62°24′）的三角板。利用这个三角板，我们就可以求出与任何一个圆等面积的正方形的边长了。

如果想制作这样的一块三角板，下面的提示可能会帮到你。

因为27°36′的正切函数（$tan27°36'$）等于0.523或$\frac{23}{44}$，可得出，这个三角形两条直角边的比值应该为23∶44。因此，在制作三角板的时候，只要取其中一边长为22厘米，另一边边长取11.5厘米，就能得到所需的角度。

头或脚

19世纪的法国作家儒勒·凡尔纳被誉为“科学幻想小说的鼻祖”。在他的小说中，一位主人公曾经提出过这样的疑问：在进行环球旅行的时候，身体的头和脚走的路一样多吗？这个问题不仅有趣，而且是一个很有教育意义的几何题目。让我们通过计算来说明一下这个问题。

【题】假设你沿赤道绕地球行走了一周，那么，你的头顶要比你的脚底多走多少路?

【解】如果用R来表示地球的半径，那么脚底所走的路程就是$2\pi R$。假设人的身高是1.7米，那么，头顶经过的距离就是$2\pi(R+1.7)$米。所以，两者所经过距离的差就是:

$$2\pi(R+1.7)-2\pi R=2\pi\times 1.7\approx 10.7(\text{米})$$

也就是说，头比脚多走了10.7米。

从计算过程可以看到，地球半径的值并不影响计算结果。也就是说，不论是绕地球走一圈，还是围绕木星或者是最小的行星，所得到的结果都是相同的。一般情况下，决定两个同心圆的圆周长之差的并不是它们的半径，而是两个圆周之间的距离。也就是说，把地球轨道半径增加1毫米后圆周长增加的长度，和把一枚5分硬币的半径增加1毫米后其圆周长增加的长度是完全一样的。听起来似乎不是那么回事儿，但事实确实如此。

我们再来看一个曾经被许多数学趣味题集收录过的非常有趣的题目，这是一个几何学上的佯谬（yáng miù)，也叫体论，就是指看上去是一个错误，但实际上不是。题目是这样的:

假如将一根铁丝捆在地球赤道的位置上，然后把这根铁丝放长一米，这根松了下来的铁丝和地球之间就会形成一定的空隙，老鼠能不能从这个空隙中钻过去呢?

很多人的答案可能是否定的。因为1米和地球赤道的“庞大的”40000000米相比，简直微不足道，相差简直是太大了。他们可能会觉得这个间隙比头发丝还要细。事实上，通过计算我们可以得出这个间隙的大小竟然是$\frac{100}{2\pi}$厘米，即约等于16厘米！

这么大的一个间隙，别说是一只老鼠，就算是一只大猫也能够轻易钻过去。

赤道上的钢丝

【题】假设，我们用一根钢丝沿着赤道把整个地球紧紧地捆起来，然后再把这根钢丝冷却1°，你认为接下来会有什么事情会发生呢？热胀冷缩，钢丝会由于冷却而缩短。假设在缩短的过程中，钢丝既没有断裂，也没有被拉长，那么，它将会切进地面多深呢？很多人会觉得仅仅冷却1°，钢丝应该不会切入地面太深。下面，我们就通过计算，让“科学”来告诉我们结果到底是什么。

【解】钢丝虽然只冷却了1°，但它的长度却会缩短十万分之一。钢丝的全长是40000000米（地球赤道的长度），那么，它就要缩短400米。那么，由这根缩短了的钢丝所形成的圆周半径又缩短了多少呢？我们用400米除以6.28（也就是2π），得到的结果大约是64米。也就是说，这根仅仅冷却了1°的钢丝切入地面的深度竟然有60多米！和一般人所感觉得只有几毫米，相差很多。

事实和计算

【题】如图9–5中是8个大小相等的圆形，其中7个圆形涂了阴影，是固定不动的。只有一个没涂阴影的轴流沿着另外7个圆的边缘滚动。倘若没有阴影的圆绕着此图形一周，它自身会转动多少圈？

当然，你在找出此题答案的时候，可以用实验的方法。方法就是将8个等值的硬币如图所示排好位置，然后用手按住7个不动，让第8个沿着它们的边缘滚动。为了方便我们确定这枚硬币转动的圈数，我们要将硬币上的数字的位置记住。每当这个数字滚动到起始位置的时候，我们就知道转了一圈。

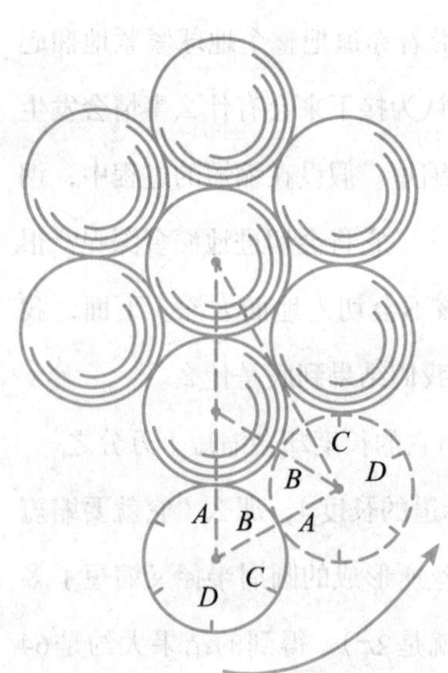

图 9–5　光洁的一个圆绕另外七个圆一周，本身要转几转

当你亲手将这个实验做一遍后，你会发现这枚硬币转了四周。

现在，我们要借助于思考和计算将相同的答案找到。

例如，我们可以将这个转动着的圆形绕着每个固定不动的圆形出来，从而找到问题的答案。所以，我们将活动圆形设为正从顶点A向邻近的两个不动的圆形之间的小凹地滚动，如图9−5中虚线所示的位置。

由图中可知，圆沿着滚动的弧线AB包含60°的角。在每个固定的圆上都有这样的弧线。加起来，得到120°的弧线。或者是圆周的1/3。所以，滚动的圆形在绕过每个固定的圆形的1/3圆周后，它也自转了1/3的圆周。我们知道绕过的固定圆形一共是6个。如此一来，活动圆形一共自转了2周，即$\frac{1}{3}\times 6$。

不过，我们的计算结果和实验结果是不同的。然而，事实胜于雄辩，这说明我们的计算存在问题。

请你试着找一找算式中的错误。

借助于下面的说明，你就会更加明白这一点。

如图9−5，图中的虚线表示的是运动的圆绕完固定的圆上的AB一段弧线，也就是全圆周长的六分之一的弧线的位置。此圆处于新位置上时，最高点发生了变化，不再是A点，而是变成了C点。这说明圆周上各点移动了120°。换言之，转动了足足一圈的1/3。固定圆上120°的路程，相当于滚动圆上2/3的路程。

所以，倘若这个滚动的圆沿着曲线（或折线）路径绕转，那么它自转的圈数与沿同样距离的直线绕转的圈数不同。

接下来，我们再用一点儿时间来对这个难理解的几何问题加以解释。

设一个半径为r的圆形沿着一段直线滚动，此段直线的长度与它滚动的一周的长度相同，即都为圆周长。现在，我们取这段直线AB的中点C，如图9−6所示，将它折弯，并将CB折成和初始方向成a角。

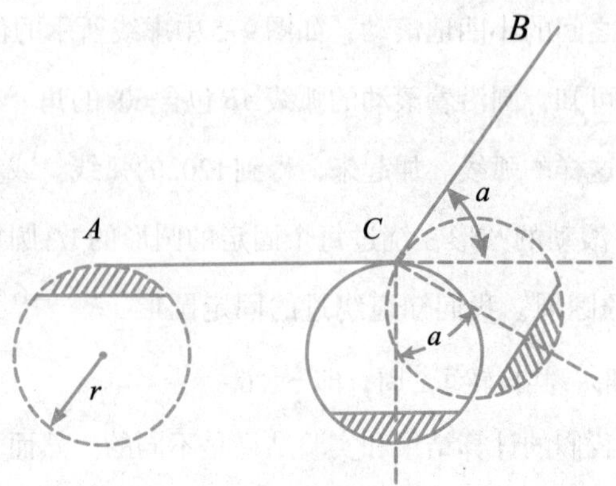

图 9–6 圆形在折线上滚动的时候多出来的旋转是怎样产生的

如此一来，圆形在转了半圈之后，就会回到顶点C的位置。为了让它转到BC的位置，它就要随它的圆心转一个和a角相等的角度，此两个角相等且有互相垂直的边。

在这个转弯过程中，圆形并不曾前移。正是因为这个原因，于是比沿直线滚动多出来的转动就产生了。

与全圆旋转相比，多出来的转动恰好与a角和2π的比，也就是$\frac{a}{2\pi}$相等。然后，圆形在CB段上接着滚动了半圈。所以，它在整个折线ACB上，共转动了$1+\frac{a}{2\pi}$圈。

有了上面的知识，我们就可以轻松地发现，如图9–7，一个沿着六边形外边滚动的圆形，绕完各边后就是它本身转动的圈数了。很明显，它自转的圈数与它在正六边形外边总长度的直线上所转的圈数和相当于六个外角的和除以2π的商数的圈数之和。所以，无论哪种凸起角多边形的外角总和永远等于2π，那么

$\frac{2\pi}{2\pi}$=1，所以，圆形在沿着六边形或任何多边形的外边滚动时，其滚动一周自转的圈数，必定要多于沿着该多边形周长的直线线段滚动的圈数一圈。

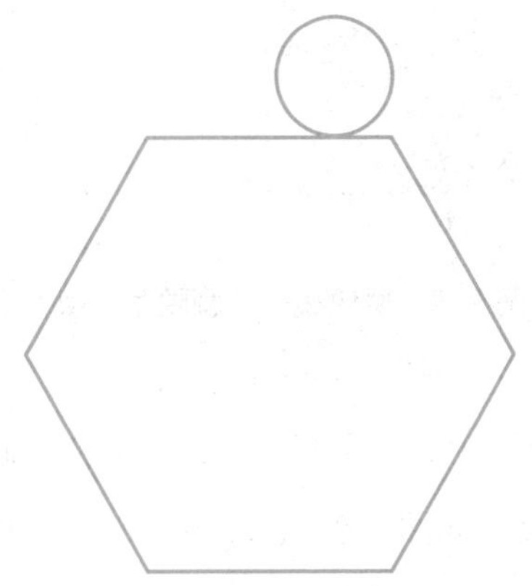

图 9–7　圆形在多边形的外边滚动，滚动一周的转数，比它在这个多边形各边总长相同的直线上滚动转数多几圈

当一个凸角正多边形的边数无穷增加时，它就和一个圆形相当接近。所以，上述结论对于任何一个圆形都是适用的。比如，把一个圆形放在另一个大小一样的圆形外沿着一段120°的弧线滚动，那么，滚动的圆形要转三分之二圈，而非三分之一圈，在几何学上，这个结论是有依据的。

走钢丝的女孩

假如一个圆滚动的方向和它在同一个平面上的某条直线一样，那么此圆上的所有的点都在这个平面上移动。换言之，这个圆的轨迹存在于轴流的任何一点上。倘若你用心观察沿着圆周或直线滚动的圆上某点的轨迹时，你就会发现众多不同的曲线。

如图9–8和图9–9，这就是其中的两种曲线。

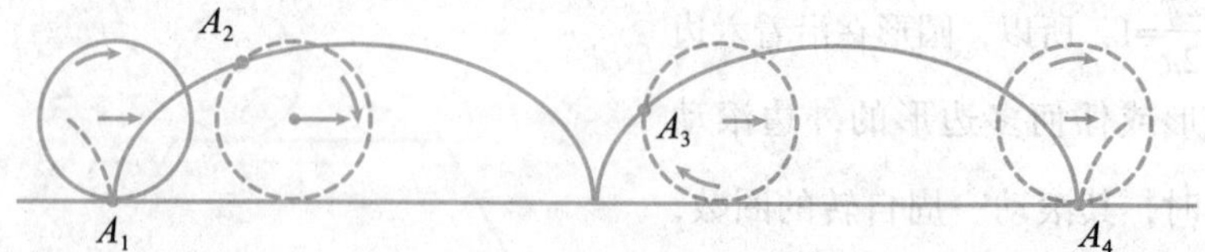

图 9-8 旋轮线——圆周上一点 A 沿直线作无滑动的转动的时候的轨迹

在此，我们提出如下问题：倘若一个圆沿着另一个圆的圆周滚动，如图9-9，它的某一点可不可以画出一条直线的轨迹，而不是画出一条曲线？猛然一看，这是不可能成立的。

然而，我本人却曾亲眼看到过此类作图。这种情况就是一个走钢丝的女孩做出来的，如图9-10。实际上，这是一个玩偶，相信大家可以轻松地做出来。步骤如下：

第一步就是找一块厚实的硬纸板或三合板，在其上画出一个圆形，直径为30厘米。切记要在圆形的周围保留一些空白之处。然后，向两边延长一条直径。

将直线的延长线的两端各插一根缝衣针。然后，将两个针孔用一条细线串起来，并且将线拉紧。再将线的两端固定在硬纸板或三合板上。接着，将刚画好的圆形切下来。这样一来，硬纸板或三合板上就会留下一个直径30厘米的圆孔。再取一块硬纸板或三合板，在其上切出一个直径为15厘米的圆形，放在才切好的圆形中。在这个小圆的边上，也将一根针插上，如图9-11。然后，再用硬纸板剪出一个走钢丝的女孩，将女孩的脚用蜡粘到这根大头针上。

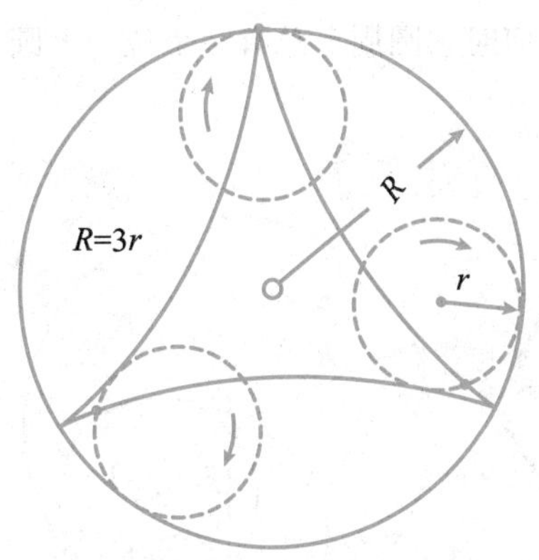

图 9–9　圆周旋轮线——在一个大圆周内侧滚动的圆形上某点所成的轨迹，这里 R=3r

图 9–10　“走钢丝的女孩”

如此一来，一个“走钢丝的女孩”的玩具就做好了。现在，倘若你将小圆形紧贴在大轴流形的边缘滚动，那么小圆形上的针和小女孩就会沿着拉紧的细线前前后后地移动。出现这种现象的原因就是由于当小圆形滚动时，它上面插针的那个点，移动的路线是完全沿着大圆形的直径的。

不过，在图 9–9 所示的情形下，为什么滚动圆形上的点却走出了曲线路径，即圆内旋转线，而不是沿着直线移动呢？问题的关键就在于大小圆之间的直径比值上。

【题】试着证明，倘若一个小圆形沿着一个大圆形的内边滚动，小圆形和大圆形的直径比是一比二，那么，小圆形在滚动时，它圆周上的任何一点都将沿着大圆周直径方向作直线运动。

【解】如图 9–12，设小圆形 O_1 的直径正好是大圆形 O 直径的一半，那么当小圆 O_1 滚动时，无论何时它圆周上总有一个位于大圆 O 的圆心上的点。

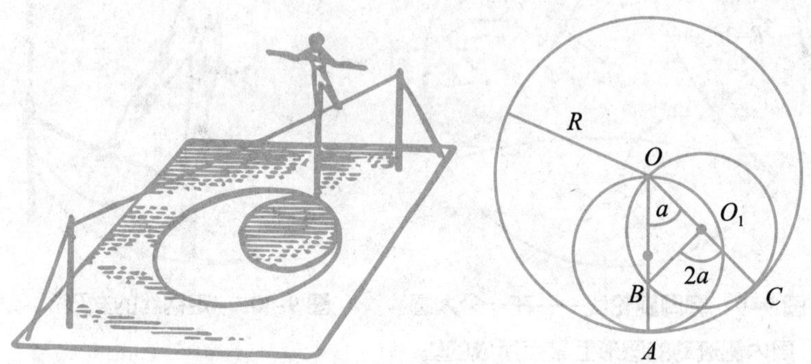

图 9-11 滚动着的圆形上沿直线移动的点　图 9-12 “走钢丝的女孩”的几何学上的解析

首先，我们来看一下小圆 O_1 上的 A 点的移动情况。

设小圆沿弧 AC 在滚动，那么，A 点会在小圆 O_1 的新位置的何处呢？

很明显，它理应位于圆周上 B 点，这才能让弧线 AC 与 BC 的长度是相等的。

设 $OA=R$，$\angle AOC=\alpha$，那么 $AC=R\times\alpha$；因此，BC 也等于 $R\times\alpha$，因为 $O_1C=R/2$，那么，

$$\angle BO_1C=\frac{R\times\alpha}{\frac{R}{2}}=2\alpha,$$

因为 $\angle BOC$ 与 $\frac{R}{2}=\alpha$ 相等，即 B 点位于 OA 线上。

上面介绍的那个玩具，就其本质而言，就是一个把旋转运动变成直线运动的最原始的设备。

经过北极的路线

苏联英雄克雷莫夫和他的朋友曾经有一次飞行壮举，他们从莫斯科穿越北极抵达美国！

那一次，克雷莫夫以62小时17分钟的飞行创造了两项世界纪录——不着陆折线飞行航程11500千米、不着陆直线飞行航程10200千米。

如果有一架飞机，从东半球北纬某度的一点，沿子午线飞越北极，在48小时的飞行后，到达西半球北纬同一度的一点。问：这架穿越北极的飞机会随着地球绕地轴旋转吗？这是一个比较普遍的问题，我们可能都听说过。但是得到的答案却不唯一，说什么的都有。其实，毋庸置疑，任何飞机（也包括飞越北极的飞机）都会随着地球的旋转而一同旋转。最主要的原因是，飞行中的飞机只是离开了地球硬壳的地面，还没有脱离大气层，所以它仍然会受到引力的作用绕着地轴旋转。现在我们知道了问题的正确答案：这架穿越北极的飞机是随着地球绕地轴旋转着的。我们再进一步问一个问题：你知道这次飞行的轨迹是什么样的吗？

在正确回答这个问题之前，我们需要首先知道：当我们说“一个物体在运动”时，指的是这个物体相对于另外一个什么物体（参照物）在改变着自己的位置。轨迹的问题，也就是运动的问题，必须事先指明（或者可以让人明确地体会到）是相对于什么物体发生的，否则就会使整个问题变得毫无意义。

子午线随着地球同时绕着地轴旋转，所以，如果一架飞机沿着子午线飞行，那么它也一定随着地轴旋转。对于在地面上的观测者来说，因为这个旋转已经不是相对于地球来说的，而是相对于其他什么物体而言的，所以这个飞行的轨迹形式并不能反映出这个运动来。假如飞机一直和地球中心保持相同距离，并且很准确地沿着子午线飞行，飞机穿越北极飞行的轨迹，相对于和地球牢牢相连的我们而言，将是一个大圆上的一段弧线。

现在再提出一个问题：飞机相对于地球是运动的，同时飞机随着地球绕地轴旋转，也就是说，地球和飞机相对于第三个物体是运动的，那么，如果我们站在第三个物体上来观测飞机飞行，这个飞行的轨迹将会是什么样子的呢？

我们可以把这个问题简化一下。把北极附近想象成是一个与地轴垂直的平面上的圆盘，假定这个圆盘就在这个平面上绕地轴旋转。把沿子午线经过北极飞行的飞机假设为一辆玩具汽车，它沿着圆盘的直径匀速向前行驶。

问题是：这辆玩具车（准确一点说，应该是这辆玩具车上的某一点，比如它的重心）将在这个平面上行驶出什么样的轨迹来？

这辆玩具车从直径的一端行驶到另一端所用的时间，是由它的速度来决定的。我们分三种情况来研究这个问题：

玩具车跑完全程所用时间是12小时；

玩具车跑完全程所用时间是24小时；

玩具车跑完全程所用时间是48小时。

不管玩具车跑完全程所用的时间是多少，圆盘绕地轴旋转一周所用的时间都是24小时。

第一种情形：（图9–13）玩具车沿圆盘的直径跑完全程所用的时间是12小时。在这段时间里圆盘要转动半周，也就是180°，于是，A点和A'点的位置互换了。在图9–13中，直径被平分为八个部分，所以玩具车跑完每一部分所用的时间都是相等的，都需要花费12/8=1.5（小时）。现在想一个问题，玩具车在开动1.5小时后，会到达什么位置？

如图9–12所示，假如圆盘并不旋转的话，那么，汽车从A点出发后1.5小时，就会到达b点。但是，我们知道圆盘是旋转着的，并且在1.5小时内会旋转180°/8=22.5°。这个时候，b点也就移到了b'点。如果观测的人也是坐在这个圆盘上，他随着圆盘的旋转而旋转，就不会发现转动，他只是看到玩具车从A点行驶到了b点。

对于身在圆盘之外不随其旋转的观测者来说，他看到的会是另外一种情景：

这辆玩具车沿曲线由A点行驶到b'点。经过1.5小时之后，站在圆盘之外的观察者又会看到汽车来到了C'点。再过1.5小时，他会看到汽车将沿弧$c'd'$移动，再经过1.5小时后，玩具车就到达了圆心e。

站在圆盘外继续观察玩具车的行驶情况，可能会看到令人意外的情况：玩具车将沿着一条曲线 *ef′g′h′A* 行驶，最后它行驶的终点不是停在直径对面的一点，而是又回到了出发点上。

我们现在来解释这个意外现象：在玩具车沿着直径行驶后半段路程的时候，也就是玩具车行驶6个小时后，这段半径已经随着圆盘转了180°，正好处在直径前半段的位置。其实这辆玩具车在驶过圆盘中心时仍在随着圆盘一起旋转。当然，圆盘的中心点是放不下整辆玩具车的，只有汽车上的某一个点能够和圆盘中心重合，而在相应的时刻，整辆车会随着圆盘一起围绕这个点旋转。

如果是飞机，当它飞经北极上空时，同样的情况也会发生。因此，玩具车沿着圆盘直径从一端行驶到另一端的路程，对于不同的观测者来说，他们观察到的情况也是不同的：站在圆盘上并随之一起旋转的人，他看到的这段路程像是一条直线；对于一位没有随着圆盘旋转并且固定不动的观测者而言，他看到玩具车行驶的路程是一条曲线（图9–13）。

假如以下各种条件都具备，你也可以观察到同样的曲线。假设你从地球的圆心观察一架飞机，这架飞机相对于一个想象的、与地轴垂直的平面飞行。再假定地球是透明的，并且你和那个平面都不随着地球旋转。最后，假定这架飞机穿越北极所用的时间是12小时。这些条件都满足之后，你就可以看到同样的曲线了。第二种情况（图9–14）：玩具汽车跑完直径全程所用的时间是24小时。圆盘自转一周的时间也是24小时，所以在玩具汽车走完路径后，圆盘也正好自转一周。因此，对于不随着圆盘转动的观测者来说，玩具汽车行驶的路径将如图9–14所示的那样，也是一条曲线。

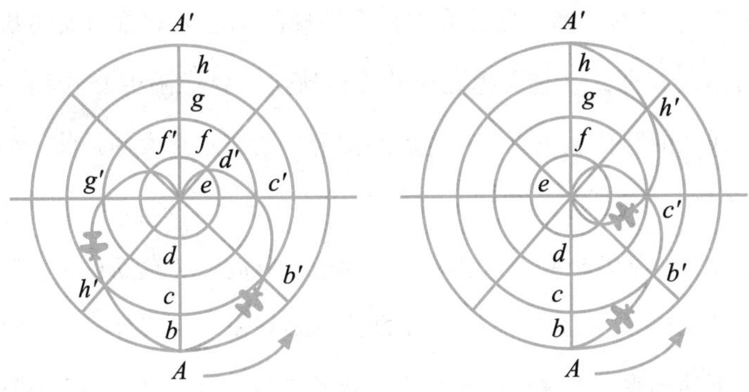

图9–13　同时作两种运动的点在固定平面上所做出的曲线：第一种情况

图9–14　同时作两种运动的点在固定平面上所做出的曲线：第二种情况

第三种情况（图9–15）：玩具汽车跑完直径全程所用的时间是48小时。当玩具汽车到达直径的1/8时，它所用的时间是48/8=6（小时）。圆盘依然是在每24小时里转一周，6小时后，圆盘也同时转动了1/4周，也就是90°。所以，玩具汽车出发6小时后，原本应该沿直径行驶到点b（图9–16）的位置，但是由于圆盘的旋转，将该点移到了点b'。再过6个小时之后，玩具车将到达点g。依此类推，48小时后，玩具车将会行驶完直径全程，而圆盘也整整转了两周。一位静止不动的观测者看到的现象就是这两种运动合成的结果，他会看到一条如图9–15中黑线所示的连续曲线。

在第三种情况中，玩具汽车跑完直径全程所用的时间是48小时。这让我们想起之前提到的那架用时48小时穿越北极到达另一个半球的飞机。它们的情形大致相同。飞机从莫斯科飞往北极需要接近24小时的时间，假设我们是在地球的圆心来观察这架飞机的飞行情况，那么，它飞越北极的飞行轨迹，就像图9–15中第一部分直线状的路径。飞机飞行的后一部分，路线距离大约是前一部分的1.5倍。

此外，从北极到圣大新多的距离也是从起点（莫斯科）到北极距离的1.5倍。因此，飞机飞行的后一部分和第一部分一样，对于静止不动的观察者来说，也是直线状的飞行路径，只不过距离是前者的1.5倍。这样飞机飞行的路径会如图9–16所示。

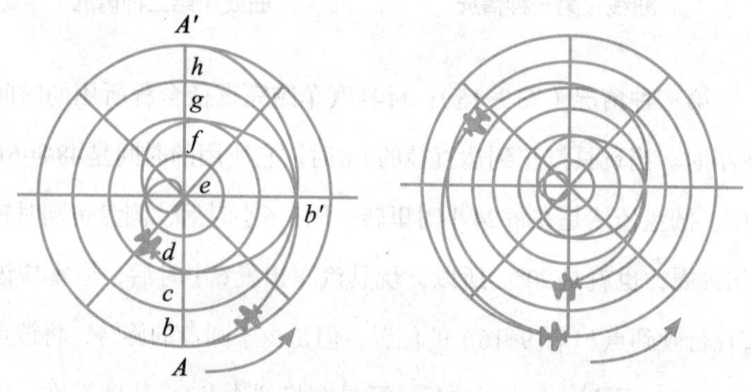

图 9–15　另一个由两种运动合并而成的曲线　　图 9–16

飞行的路线是从莫斯科到美国。如果观测者是从地球的圆心来观察飞机的飞行情况，他既不参与飞行，也不受地球旋转的影响，那么，他观测到的飞机穿越北极的轨迹就将会是图中所示的样子。问题又来了，这个复杂的“路线”真的是穿越北极飞行的真正路径吗？答案是否定的。原因是：我们所说的这个运动还是相对的。它只适用于没有随地球绕地轴旋转的物体，而在地球上是找不到这样的物体的。

那么如果我们可以从月球或者太阳上观察这次飞行，飞行的轨迹会是怎么样呢？可能会更加奇特。

我们知道，月亮并不随着地球的自转而旋转，但是，它却环绕我们的地球公转。大约一个月绕地球一周。在飞机穿越北极的48小时中，月球绕地球行进了大约25°的弧线，这肯定会影响到月球上的观测者所看到的飞行轨迹。而对于在太阳上的观测者，地球围绕太阳的转动，肯定也会对他们的观测造成影响。

这也正如恩格斯在《自然辩证法》中说的那样：“只有在相对的情况下，才谈得上单个物体的运动。”

在研究了这个飞机飞行的问题之后，我们对这一点的体会就更加深刻了。

传送带的长度

一所技工学校的学生在完成一天的工作后，接到了技师为他们出的一道题目。题目的内容如下：

【题】技师一边出示样图（图9–17），一边介绍：“我们工厂要安装一台新设备，这就需要安装一条传送带。只是这条皮带不像平时那样安装在两个皮带轮上，而要装在三个皮带轮上。同时，安装要求所有三个皮带轮的尺寸都要一样。关于它们的直径和互相之间的距离，可以参照另一个图（图9–18）。在清楚地知道这些数据的前提下，倘若不允许你们再做任何测量，你们怎样才能很快地求出皮带的长度呢？”

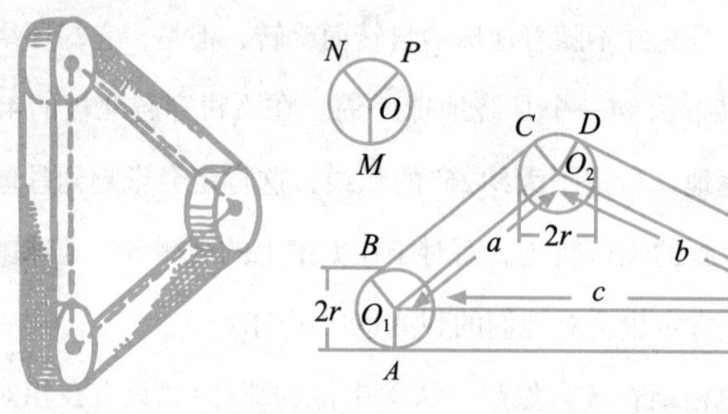

图9–17 三个皮带轮的皮带转动

图9–18 怎样根据图上已有尺寸计算出皮带的长度

同学们顿时认真思考起来。不一会儿，一个同学说：“我认为，图上没标出皮带绕过每个皮带轮的弧线AB、CD、EF的长度是所有的困难。倘若要求出所有弧线的长短，就一定要知道与弧线对应的圆心角的度数。所以，我认为缺少量角器是不可能算出皮带的长短的。”

技师回答道：“那几个你刚才所提到的角度，根据图中当前的尺寸，再与三角公式和对数表相结合就可以求出来，不过方法过于复杂。实际上，我们在此处无须用量角器，原因是我们不必一定要求出每段弧的长度，实际上，我们只要得到……”

几个想出了答案的学生抢着回答："只要得到它们的和就可以了。""没错。那么现在你们请回家去吧，记得明天给我带来你们的答案。"亲爱的读者，你们无须急于看到技师得到的学生们的答案。

我们可以依据技师的回答，自己轻松地找出这个问题的答案了。

【解】皮带的长度是相当轻松就可以得到的：一个皮带轮的圆周长加上三个皮带轮中心间的距离之和就是最后的结果。姑且设皮带的长度是l，那么，

$$l=a+b+c+2\pi r$$

一个皮带轮的圆周等于三个皮带轮的每个皮带接触部分的总长度之和，差不多所有解题的学生都可以猜到这一点。不过，能够成功地证明出这一点的同学并不多。

技师在所有学生的答案中选出了他认为最简洁的答案：

姑且设定三个皮带轮圆周上的三条切线分别为BC、DE和FA（图9–18）。从各个切点引半径，由于三个皮带轮的半径长度一样，那么，O_1BCO_2、O_2DEO_3和O_1O_3FA都是长方形，所以，$BC+DE+FA=a+b+c$。

下面我们只需证明一个皮带轮的圆周长是三段弧的长度之和$AB+CD+EF$即可。据此，我们先画出一个圆O来（图9–18上），其半径为r。然后，我们再作直线$OM \parallel O_1A$，$ON \parallel O_1B$，$OP \parallel O_2D$，因此$\angle MON=\angle AO_1B$，$\angle NOP=\angle CO_2D$，$\angle POM=\angle EO_3F$，原因是各角的边互相平行。根据这些可以算出：

$$AB+CD+EF=MN+NP+PM=2\pi r$$

最后我们就能算出皮带的长度：

$$l=a+b+c+2\pi r$$

用一样的方法，我们可以证明，无论是三个直径的皮带轮，还是任何直径相同的皮带轮，它的皮带的长短都是各皮带轮中心间距离的和再加上一个皮带轮的圆周长。

【**题**】如图9–19，这是安装在四个直径一样的滚轴上的传送带简图，中间实际上有一些滚轴，不过对我们的题目没有什么影响。请你依据图上的比例尺量出所需要的尺寸，最后计算出传送带的长短。

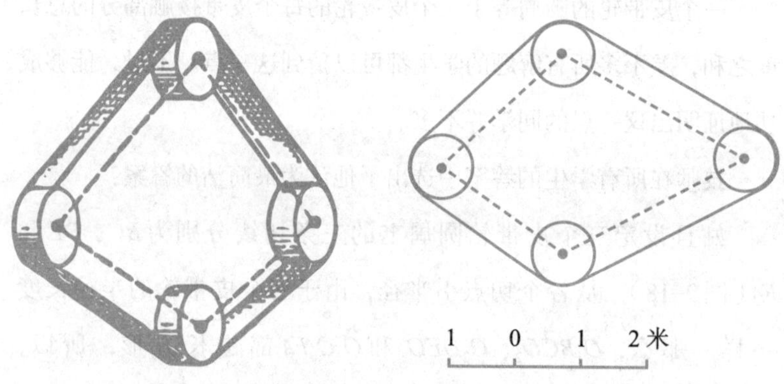

图 9–19 量出所需的尺寸，计算运输皮带的长度

聪明的乌鸦

你可能对我们上小学时学到的一篇关于“乌鸦喝水”的故事印象深刻。这个故事讲的是，一只口渴的乌鸦，找到了一只盛水的细

颈瓶。瓶里的水已经很少了，乌鸦根本喝不到水。这只聪明的乌鸦把一些小石块投到瓶子里，瓶子里的水面于是就升高了，最后，乌鸦就喝到水了。

至于乌鸦为什么会有这么高的智慧能想出这么聪明的办法，这个问题我不予置评。我们来研究一下这里的几何学方面的问题。由这个故事，我们可能会提出这样的疑问：

【题】假如瓶里只有半瓶水，那么，这只乌鸦能不能喝到水呢?

【解】为了方便解题，我们假设这个水瓶是一个方柱体的瓶子，乌鸦所投的石块都是同样大小的球体。如果想让水漫过石块，就必须使瓶里原有水的体积比所丢入的石块间全部空隙要大。否则，水不会漫过石块。

我们首先计算一下，这些间隙所占的体积有多大。同样，为了解题方便，我们假设每个球状石块的圆心都排在一条垂直的线上。假设石球直径为d，那么，它的体积就是$\frac{1}{6}\pi d^3$，而它的外切立方体的体积就是d^3。二者之间的差$d^3-\frac{1}{6}\pi d^3$就是立方体里的间隙部分的体积，而以下的比值：

$$\frac{d^3-\frac{\pi}{6}\pi d^3}{d^3}=0.48=48\%$$

代表每个立方体里的间隙部分是它的全部体积的48%。也就是说，瓶子里面所有的空隙，它们的体积的总和比整个瓶子的容积的一半稍微小一点。如果瓶子的形状不是方柱体，所投的石块也不是球形，计算结果相同，不会有任何改变。那么，我们可以据此得出结论，如果瓶子里原有的水量不到瓶子容积的一半，也就是说瓶子里只有半瓶水，乌鸦是不可能用投掷石块的方法把水位提升到瓶口的。

如果乌鸦能够摇动瓶子，使瓶子里面的石块间隙更小，堆积得更紧密一些，那么，它就能让水面提高到原来的两倍以上。但是这件事情，估计再聪明的乌鸦也是无法做到的。所以我们假设石块堆积得比较松散，是没有脱离实际情况的。还有一点，盛水的瓶子一般都是中间部分比较大，这种构造也会减少水面提升的高度。那么同时也更加肯定了我们的结论：如果水位不及瓶高的一半，那么乌鸦是喝不到水的。

通过我们的数学计算，我们知道了，乌鸦所用的方法并不一定会成功。它的成功与否关键在于水瓶中所剩水的多少。

名师点评

计算圆周率π的大小，主要参考圆的周长公式，设圆的周长为C，直径为d，则有$C=\pi d$。所以只需知道圆的周长和直径即可。

如右图，在耕地时，做正方形运动和圆周运动的联系在于，其实际为正方形及其同心圆的关系，此时正方形的边长即为圆的直径，其面积分别为：$S_{正}=a^2$，$S_{圆}=(\frac{a}{2})2=\pi a^2$。

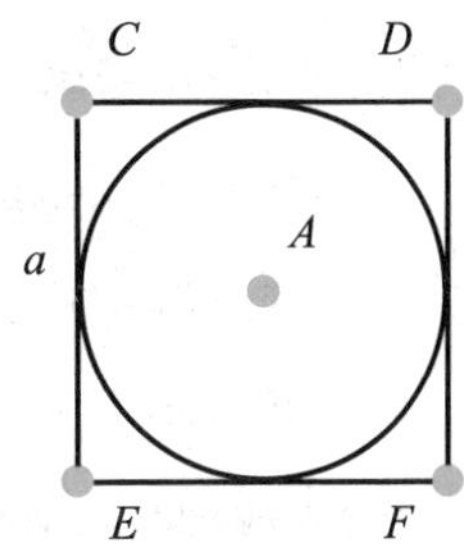

掷针实验中，平行线间距离为$2r$，且投掷圆环的周长也为$2r$。文中提到，每一次投掷圆环总会出现2次交叉，这里要涉及的是圆与直线的相切和相交两种位置关系。如下图中，左边的圆与两直线相切，此时的交叉点即为2个切点，右边的圆与其中一条直线相交且与另外一条直线相离，所以也是形成2个交叉点。

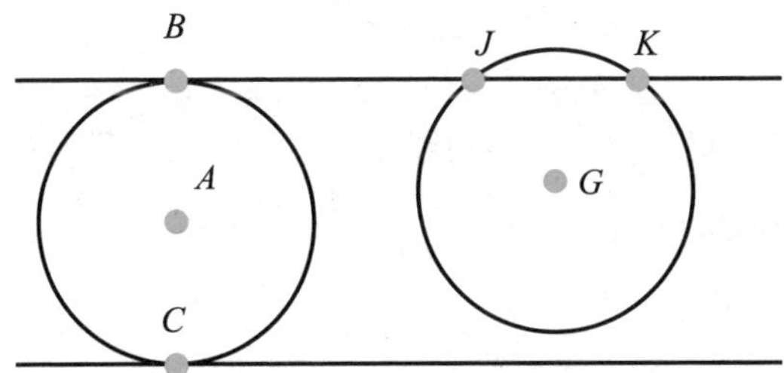

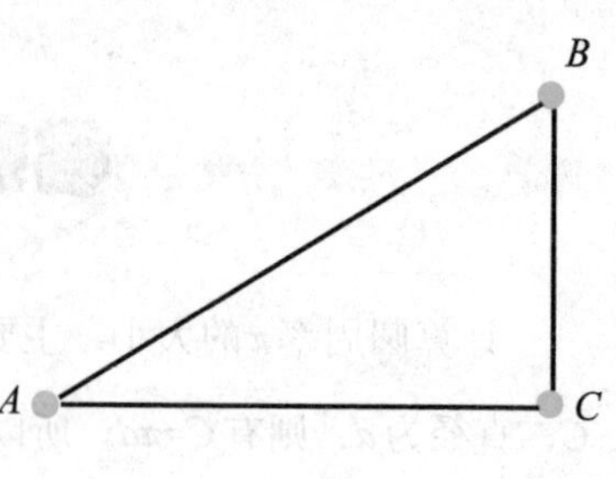

“圆周的展开”一节中借助直角三角形原理进行了论证，其中图9–3中的$Rt\triangle OBC$中，$\angle COB=30°$，我们可以借助其性质“30°所对的直角边是斜边的一半”，得出$OC=2BC$。

解答方圆问问题时，文中提到了一个锐角的余弦公式与正切公式，在这里和大家解读一下。和正弦值类似，余弦值和正切值也指在一个$Rt\triangle ABC$中，$cosA=\frac{邻边}{邻边}=\frac{AC}{AB}$，$tanA=\frac{对边}{邻边}=\frac{CB}{AC}$。

“头或脚”一节再次提到了同心圆的特点，在两个同心圆上绕一周形成的周长差为$2\pi R-2\pi r=2\pi(R-r)$，即为半径差的2π倍。

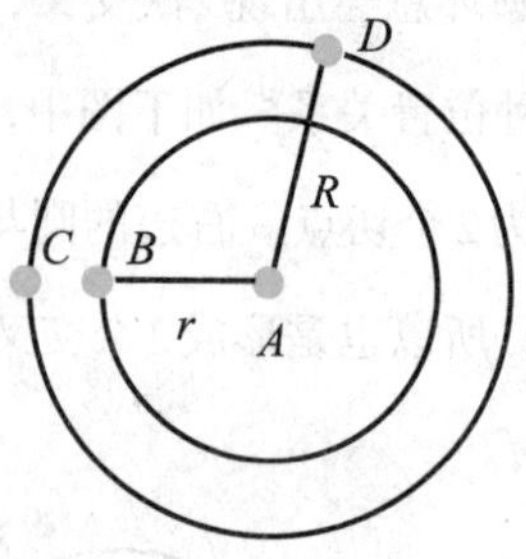

“聪明的乌鸦”一节中用到球体的体积公式，即求石块的体积时，已知直径d的情况下，$V_{球}=\frac{4}{3}\pi r^3=\frac{4}{3}\pi(\frac{4}{3})^3=\frac{1}{6}\pi d^3$。

第十章 不用测量和计算的几何学

你知道铁片的重心所在吗？你知道不借助于圆规可以画圆吗？实际上，这些问题根本无须测量和计算，借助于神奇的几何学，我们可以将其轻松解决。

不用圆规来作图

在通常的情况下，要做几何图，必定要用到直尺和圆规。不过，在本章中，你会看到，那些看上去要用圆规的，实际上做图时却无须用到。

【题】在不借助于圆规的情况下，如图10–1（a），从所给出的半圆外的A点向其直径BC作一垂线。图中不必标出半圆的圆心的位置。

【解】在此，我们要借助于三角形的一个特性：三角形的三条高都相交于一点。第一步，我们要将A点和B点、C点分别连接起来，如此就可得到D点和E点，如图10–1（b）。显而易见，BE和CD两条直线是三角形ABC的高。第三个高就是作向垂直于BC的未知垂线，应该借助于另两个高的交点，即通过图中的M点。然后，用直尺过A点和M点作一条直线。如此一来，在不曾借助于圆规的帮助下，问题被我们顺利解决。

倘若因为A点的位置，令所要求的直线落在了半圆直径的延长线上，如图10–2，那么此题目在此种情况下不可能得以解决的。要想让此题得以解决，只有当原题给出的是一个整圆的情况下才可以。由图10–2可知，此种情况下所用的解题之法与之前的方法相同，不过，三角形ABC的三条高不在圆内相交，而是在圆外相交。

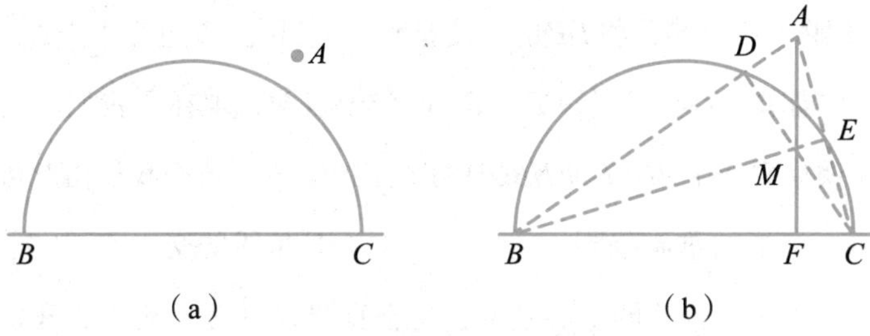

图 10-1　不用圆规的作图题和解法：第一种情形

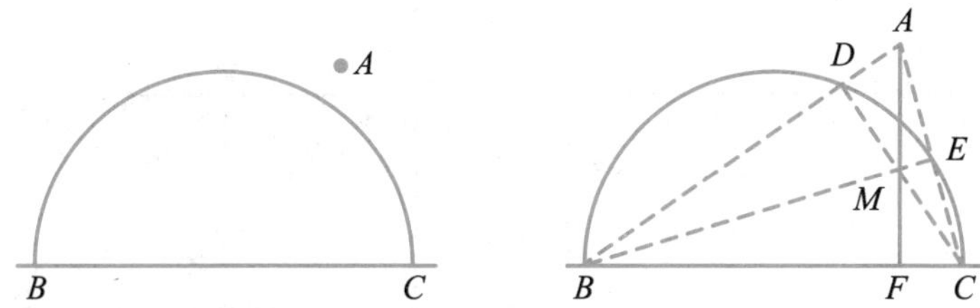

图 10-2　不用圆规的作图题和解法：第二种情形

铁片的重心

【题】众所周知，一块均匀的矩形或菱形的薄铁片，其重心就在对角线的交点上。倘若这块薄铁片是三角形，那么它的重心就位于各中线的交点上；倘若薄铁片是圆形，它的重心就位于这个圆的圆心上。

现在，请你用作图的方式，将一块由任意两个矩形组成的薄铁片的重心找到，如图 10-3。需要注意的是，除了直尺，不能使用其他任何度量的工具。你的做法是什么？

【解】第一步，将DE的长度延长，使其与AB边交于点N，第二步，如图10-4，延长FE与BC边交于点M。现在，我们先将这块薄铁片看作由$ANEF$和$NBCD$两个矩形组成，那么我们由此可以将两个矩形的重心找到，它们分别位于对角线的交点O_1和O_2上。那么，整块薄铁片的重心必定会位于直线O_1O_2上。现在，我们再将这块薄铁片看作是由$ABMF$和$EMCD$两个矩形组成。

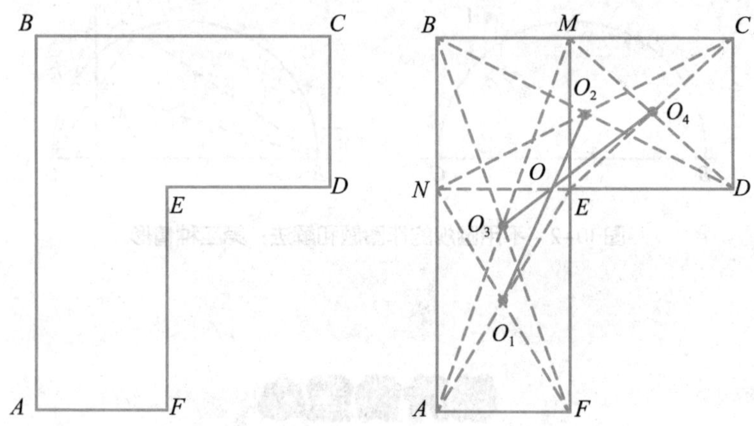

图10-3　在只准使用直尺的条件下，试找出这块薄铁片的重心来

图10-4　薄铁片的重心找到了

显而易见，此两个矩形的重心分别在点O_1和O_2。同理，整个薄铁片的重心必定在直线O_2O_4上，所以，我们可以得出这样的结论：两个薄铁片的重心应该位于O_1O_2和O_3O_4的相交点上，即图中的O点。就这样，不但解决了问题，而且的确遵循要求只用到了直尺。

拿破仑的题目

刚才，我们无须借助于圆规，仅用直尺就完成了作图的任务。这比原题用到圆规的情况要高明得多。现在，我们再来完成几个不许用直尺，只许用圆规的图。此类题目曾令拿破仑一世产生过兴趣。他在阅读了马克罗尼——一位意大利学者的关于此类作图的书后，就将下面的题目出给了法国的数学家：

【题】圆心已知，怎样不用直尺将一个已知圆周进行四等分？

【解】如图10–5，设定我们将圆周O进行四等分。第一步，从圆周上任意一点A以半径的长度在圆周上顺序做出三个点，即B、C、D。可以看出，A和C之间的距离与圆周长的三分之一的一段弧的弦长度相等。这正是一个内接等边三角形的一边。所以此段距离就是$r\sqrt{3}$，其中r为圆的半径，AD之间的距离就是圆的直径。

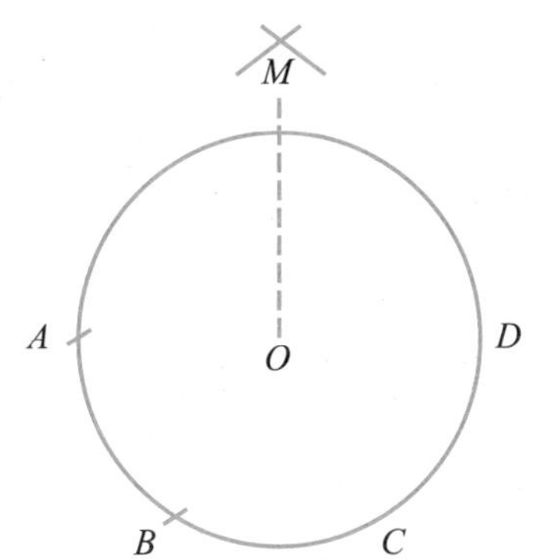

图10–5　只准使用圆规，怎样把圆周分作四等分

然后，我们用AC做半径，从A点和D点分别作弧，使之相交于点M。现在，我们要证明的是，MO之间的距离与这个圆周的内接正方形的边长等长。在三角形AMO中，直角边：

$$MO=\sqrt{AM^2-AO^2}=\sqrt{3r^2-r^2}=r\sqrt{2}$$

也就是等于内接正方形的边长。

现在，只要我们以MO的长度用圆规依次在圆周上画出4个点，此时可以得到内接正方形的四个顶点，此四个顶点将圆周划分为四个相等的部分。

下面是一道类似的题目，区别之处在于它比刚才的更轻松一些。

【题】不借助于直尺，将如图10-6所示的A和B两点间的距离增加五倍或增加到任何指定的倍数。

【解】如图10-6，以AB之间的距离为半径，以B点为圆心，做一个圆。从A点以AB之间的距离在圆周上顺次量三次得到C点。毋庸置疑，此C点就是在直径上与A点相对的一点。AC之间的距离为AB之间的距离的2倍长。

然后，再用BC为半径，以C点为圆心作圆，又可以得出与B点在直径上相等的一点。此点就是距离A点三倍于AB距离的一点。

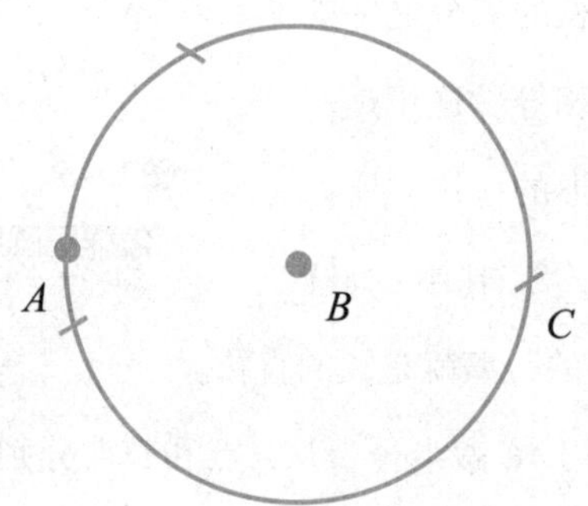

图10-6　只准使用圆规，
怎样把A、B两点间距离增加到n倍（n是整数）

最简单的三分角器

倘若只用圆规，不用直尺，想将任意一个角分为三等分是不可能的事情。不过，对于运用其他工具来划分的方法，数学并不予以否认。所以，我们就发明了很多机械工具，它们都有一个共同的名称：三分角器。

下面，我们来做三分角器，使之成为绘图的辅助性工具。材料很简单：厚纸、硬纸板或薄铁片。

如图10–7，图中的三分角器的尺寸与实物差不多，注意看阴影的部分。

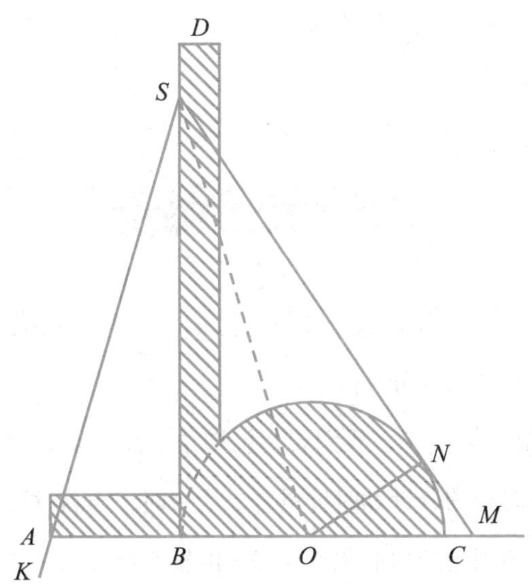

图10–7　三分角器和它的使用方法

图中*AB*段是和半圆相接之处，它的长度与半圆的半径一样，另一段*BD*与*AC*垂直，且在*B*点与半圆相切；*BD*的长度随意。

如图10–7，此三分角器的使用方法已标明于图上，我们将角*KSM*进行三等分。将角*KSM*的顶点*S*放在三分角器的*BD*线上，让*KSM*的一条边经过*A*点，另一边与半圆相切。然后，将直线*SB*和*SO*做出来，于是，这个角就被三等分了。

为了将此法的正确性加以证明，我们要将半圆的圆心与切点*N*相连。可以相当轻松地看出，三角形*ASB*与三角形*OSB*、三角形*OSB*和三角形*OSN*是全等三角形。由这些全等三角形可知，*ASB*、*OSB*与*OSN*各角都相等，我们要证明的就是这点。

事实上，这种三等分角的方法已经不完全是几何学的内容了，因此我们将之称为机械的方法。

时钟三分角器

【题】给你一副圆规、一把直尺、一个时钟，你能否将任意一个已知的角进行三等分?

【解】能。第一步，我们要将已知角的图样复制到一张透明的薄纸上。等时钟的分针和时针重合二为一时，再将这张薄纸铺到钟盘上，以便使图上的角的顶点与钟表的轴心合二为一，并且角的一边与两根表针合二为一，如图10–8。

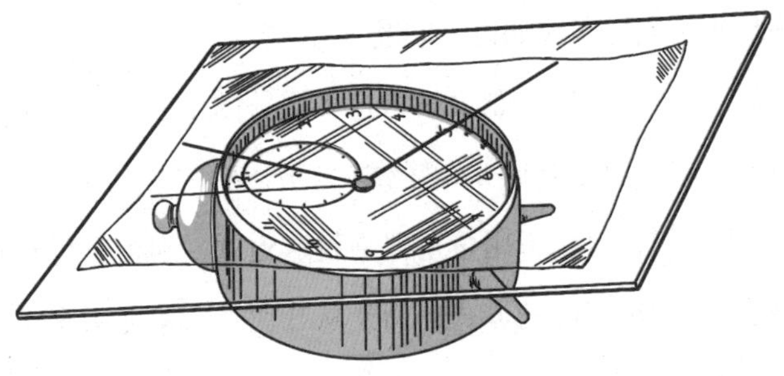

图 10-8　时钟三分角器

当时钟的分针与角的另一边重合的时候，当然，你也可以手动拨动分针，将一条线从该角的顶端沿着时针方向画出。如此一来，你就得到一个与时针转动角度一样的角。然后，将这个角在圆规和直尺的帮助下扩大一倍，然后再放大一倍，方法可以参照几何教材。如此一来，已知角的度数的三分之一就得到了。

实际上，当时钟上的分针走出一个α角时，在相同的这段时间内，时针走出的这个角也必定是分针的1/12。换句话说，那就是$\frac{\alpha}{12}$。倘若将这个角放大一倍，然后将放大一倍的这个角再放大一倍，结果是怎样呢？那就得到了$\frac{\alpha}{12}\times 4=\frac{\alpha}{3}$这个角。

圆周的划分

像无线电爱好者、各种模型的设计者和创造者等喜欢用自己的双手制作的人，他们经常会在现实工作的过程中遇到一些需要绞尽脑汁去思考的问题，比如以下问题。

【题】用一块铁片裁制出被指定了边数的正多边形。相类似的题目还有：将圆周分成n（n为整数）等分。

【解】我们暂时先不用量角器来解这道题，因为量角器其实是“用眼睛”来解决问题的方式，而是从几何学的角度用直尺和圆规来思考解题的方法。

首先，在解题之前，我们要解决下面的一个问题：仅仅借用圆规和直尺，到底能把圆周精确的分为几等分？其实，在理论上，这个问题的答案在数学上早就能找到了，即将圆周分成任何数的等分是不可以的。

如：2、3、4、8、10、12、15、16、17…等分，可以分成；7、9、11、13、14…等分，不可以分成。

还没有一个统一的作图方法，方法多得让人难以记忆，如把一个圆周等分成15份和12份的方法不同。这其实是件很麻烦的事。

所以，我们就需要一种哪怕只能求出近似值的方法。不过，这个方法必须有将一个圆周划分成任何数的等份的功能，当然方法越简便越好。

但是，与此有关的介绍在几何学课本里还没有，所以，下面我们就介绍一种简便的几何方法解答这类问题。

例如，将一个给定的圆周分成九等份，如图10–9。

第一步，以任意一条直径为边。直径为AB，做出等边三角形ABC。第二步，在D点以AD：BB=2：9的比例，直径AB分成AD、

DB两段。

画一条连接C、D两点的线段，并延长线段至于圆周相交的E点，弧线AE此时会是圆周的九分之一，这也就意味着，弦AE是内接正九边形（或n边形）的一边。其中误差不超过0.8%。

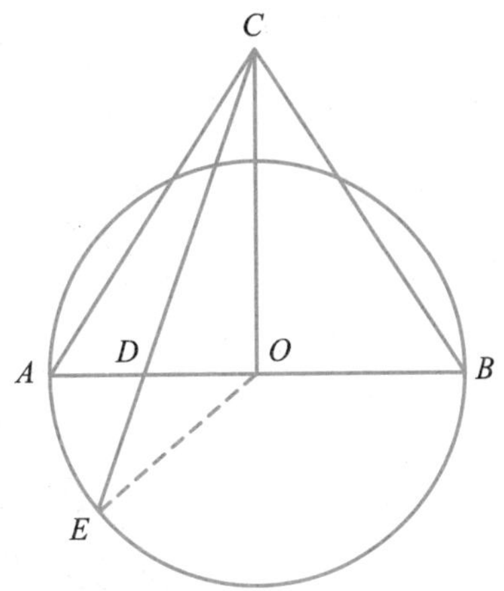

图10-9　把圆周分成n等分的几何上的近似方法

要是想将圆周均分为n等分，那圆心角AOE就为$360°/n$。不过，这种方法随着n的增加，精确性随之下降，即误差显著扩大。但是，不管n值如何，这个误差不会高于10%。

台球桌上的几何学问题

如果打台球的时候要它从一个、两个甚至三个台边弹回后入袋，而不想让台球直接落入袋中，那么，一个几何的作图问题你就不得不去思考和解答了。

如果要它从一个、两个甚至三个台边弹回后入袋，“用眼睛”正确地找到台球第一次撞击台边的位置是最重要的。而根据反射定律（入射角等于反射角），这枚台球此后的路径完全可以求出。

【题】假设我们想让这枚停在台面中央的台球跟台边经过三次撞击后反弹落入A袋中（图10–10），请问，能够帮助我们的几何知识有哪些呢？

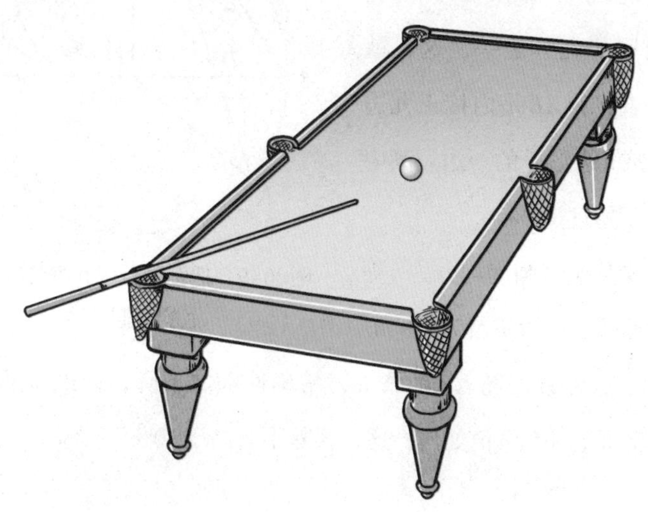

图10–10 台球桌上的几何题

【解】首先，解这道题的关键是除了这张台球桌之外，与这张台球桌较短一边并列的另外三张桌子。其次，把台球往想象中的第三张桌子最远的球袋的方向击去。

请看图10–11。设台球被击打后所滚动的路线是$OabcA$，然后再把台球桌$ABCD$绕CD边翻转180°，图中Ⅰ的位置即旋转后的台球桌的位置。接下来再绕AD边翻转180°，之后再绕BC边翻转180°，图中Ⅲ的位置就是此时台球桌的位置。

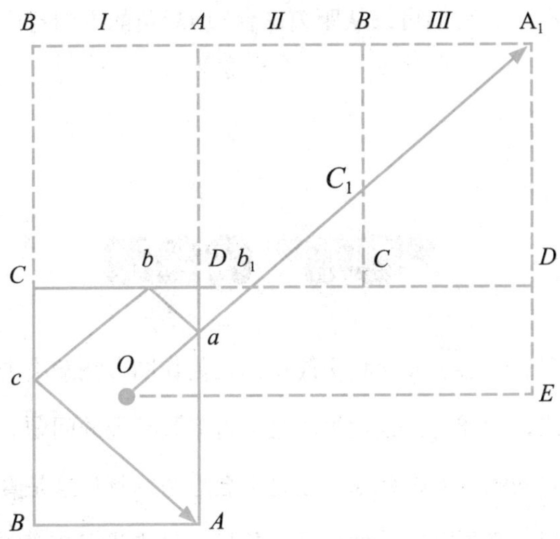

图 10–11　假定有三张同样的台球桌排在一起，你正向最远的一洞瞄准

A 洞位于 A_1 点。

根据等边三角形的性质，显然 $ab_1=ab$，$b_1c_1=bc$ 和 $c_1A_1=cA$，即折线 $OabcA$ 的长度等于线段 OA_1 的长度。

所以，把球向 A_1 点击去，台球会沿着折线 $OabcA$ 滚动，然后掉入 A 洞中。

我们再来分析下面这样一个问题：直角三角形 A_1EO 的两条边 OE 和 A_1E，在什么条件下才能相等？

我们相当轻松就可以确定：$OE=\frac{5}{2}AB$ 和 $A_1E=\frac{3}{2}BC$。如果 $OE=A_1E$，那么 $\frac{5}{2}AB=\frac{3}{2}BC$ 或 $AB=\frac{3}{5}BC$。

所以，倘若台球桌的短边长度为长边长度的3/5，那么，$OE=EA$；

在此种情况下，我们可以从距离球台边45°角的方向打中正中央的台球。

"聪明"的台球

上面我们学会了如何利用简单的几何作图方法解决击打台球的问题。其实，台球自己也能解决这个古老又有趣的问题。

这是真的吗？可是台球自己是不会思考的呀！这是真的，只是有一个前提：必须完成某种计算。并且，只要我们知道题中所给的数所要进行的算法以及运算的顺序就可以把这种计算交给机器去做，既正确又迅速。

基于上面这个原因人们发明了很多不同种类的计算机器。有简单点的如加减机，也有像电子计算机一样的复杂机。

很多这类消遣性的题目可以在课余时间遇到，比如下面的这个：如何借助两个已知容量的容器将一个盛满液体的容器中的液体倒出一部分来？

我们来看下面的一个实例。

一只12升的桶盛满了水，还有两只分别是9升和5升的空桶。怎样利用这两只空桶把桶里的12升水平均分成两份？

其实，我们不需要真的拿水桶做实验来解答这个问题，只要我们把这个过程以表格的形式画出来就可以了。

9升桶	0	7	7	2	2	0	9	6	6
5升桶	5	5	0	5	0	2	2	5	0
12升桶	7	0	5	5	10	10	1	1	6

每次倾注之后各桶中液体的升数都在上表中所记录。

第三栏：让5升桶里被倒入12升桶中的5升，让9升桶空置（0），那么12升水中，还有7升水余在桶中。

第二栏：让9升的桶里存入12升桶里剩余的7升水。

以此类推。

此表一共9栏，换言之，要想将此问题解决，需要倒出9次才可以。

当然，除此之外，还可以用其他多种方法来倾注。不同的是，倾倒的次数都要比9次多。

根据上面所说，或许我们会提出以下疑问：

是否可以建立一个用于倾注所有容量液体的一定的倾注顺序？

是否可以借助于两个空容器从第三个容器中倒出任何数量的水？比如可以用9升的空桶和5升的空桶，把12升水桶中的1升水倒出来，或者是2升水，或者是3升水，或者是4升水……直到11升水。

要解决以上问题，我们只需具备一张特殊的台球桌，聪明的台球就可以帮我们解决。

首先，我们将一些斜形的格子在一张纸上画出来，且让每个格子都是大小一样的菱形，而且每个菱形的锐角都是60°。然后，如图10–12所示，将图形*OBCDA*画出来。

这样，我们就得到了一个特殊的台球桌，这是为聪明的台球制造的。倘若沿着*OA*在桌子上击打台球，那么，台球就会遵循“入射角等于反射角”的定律，从台边*AD*弹回，沿着连接各菱形顶端的直线Ac_4滚动，然后在点c_4碰到台边*BC*后，再沿着直线c_4a_4滚动，接着沿直线a_4b_4、b_4d_4、d_2a_8等滚动，依此类推。

再回顾一下刚才我们的题目，现在我们手中有三个桶：一个9升的，一个5升的，一个12升的。所以，我们将图形做成：*OA*有9个格，*OB*有5个格，*AD*有3个格，即12–9=3；*BC*有7个格，即12–5=7。

我们尤其要注意一点，即这个图形边上的每一点，都与*OA*和*OB*两边相隔一定的格数。比如，点c_4距离*OB*边有4格，离*OA*边有5格；点a_4距离*OB*边有4格，距离*OA*边有0格，原因是它本身就在*OA*边上；点d_4距离*OB*边是8格，距离*OA*边有4格；等等。

如此一来，台球撞上的图形边上每一点，都决定着两个数字。

倘若我们用离*OB*边的格数，即两个数字中的一个，来表示9升桶里水的升数；用离*OA*边的格数，即另一个数字，表示5升桶里水的升数，余下的水量，很显然就是12升桶里将要留下的水。

截至目前，聪明的台球已经为我们完成了所有的工作。

重新沿着*OA*边击打台球，这个台球就会在碰到每个台边后，返回到另一个台边，一直滚到点a_4，如图10–12。

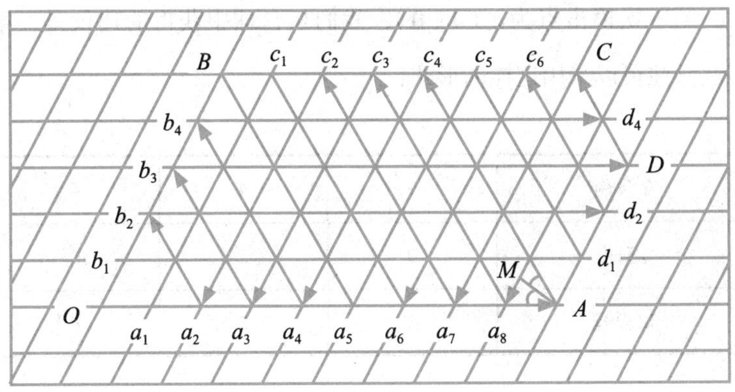

图 10–12 “聪明”的台球的台球桌

第一次的撞击点是A(9；0)，即第一次倒水应该让水做到如下分配：

9 升桶	9
5 升桶	0
12 升桶	3

第二次撞击点为c_4(4；5)，即我们从台球那里得到的第二次倒水的方法如下：

9 升桶	9	4
5 升桶	0	5
12 升桶	3	3

第三次撞击点为a_4(4；0)，我们从台球中获得的建议是，第三次倾注可以采用这样的形式：

9升桶	9	4	4
5升桶	0	5	0
12升桶	3	3	8

此次要将5升水倒回到12升桶里，让桶里的水成为8升。第四次撞击点为b_2(0；4)，倾注结果如下：

9升桶	9	4	4	0
5升桶	0	5	0	4
12升桶	3	3	8	8

第五次撞击点为d_4(8；4)，台球要求我们将已空的9升桶里得到8升水：

9升桶	9	4	4	0	8
5升桶	0	5	0	4	4
12升桶	3	3	8	8	0

就这样，随着台球滚动的方向，下面的表格展示在我们面前：

9升桶	9	4	4	0	8	8	3	3	0	9	7	7	2	2	0	9	9	6
5升桶	0	5	0	4	4	0	5	0	3	3	5	0	5	0	2	2	5	0
12升桶	3	3	8	8	0	4	4	9	9	0	0	5	5	10	10	1	1	6

将这一系列的过程完成之后，我们做到了：把12升的水成功地分为了两半。我们能解答出这个题目完全是聪明的“台球”的功劳！

尽管解答出了题目，但是解题的程序未免有点太烦琐了，是之前方法所用9步的2倍，竟然用了18步才解出问题的答案来。

倘若我们将以上台球的每次撞击都翻译出来，就会出现下面的表格：

9升桶	0	5	5	9	0	1	1	6
5升桶	5	0	5	1	1	0	5	0
12升桶	7	7	2	2	00	11	6	6

其实，关于本题的最简便的答案，聪明的台球已经告诉了我们：一共只需要8道程序。

不过，在与此相同的题目中，我们或许不可能得到我们想要的答案。那么台球是怎样发现此类情形的呢？

相当容易：在此种情况下，台球不会撞击到所求的点上，相反，它会返回到自己的出发点。

如图10–13所示，这是用9升桶、7升桶来分12升桶中的水的过程：

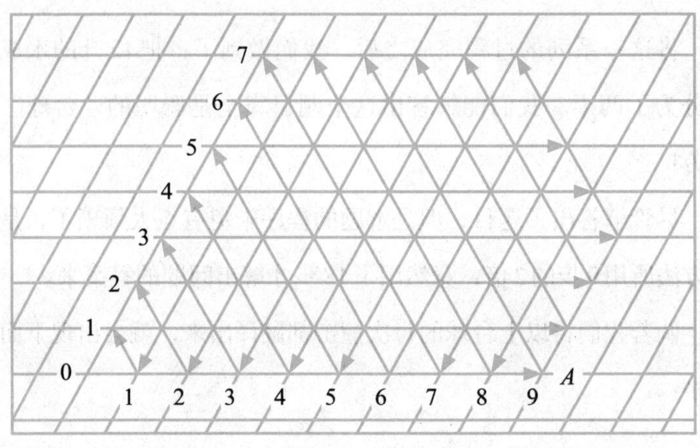

图 10–13 “机器”表明不可能使用 9 升桶和 7 升桶由满盛水的 12 升桶分出两个 6 升的水来

9升桶	9	2	2	0	9	4	4	0	8	8	1	1	0	9	9	3	0	5	5	0	7	7	0
7升桶	0	7	0	2	2	7	0	4	4	0	7	0	1	1	7	0	3	7	0	5	5	0	7
12升桶	3	3	10	10	1	1	8	8	0	4	4	11	11	2	2	9	9	0	7	7	0	5	5

我们从“聪明”的台球处得知，倘若想从这只12升桶里倒出除了6升以外的任何升数的水，用一只空的9升桶和一只空的7升桶就可以。

如图10–14，这是用3升桶、6升桶和8升桶来解此题的方法。在此，台球在碰了四次边之后，重新回到了起始点。

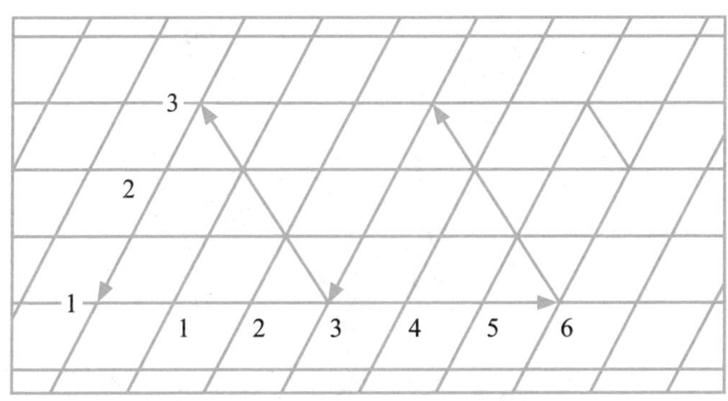

图10–14　解答另一个倾注水的题目

6升桶	6	3	3	0
3升桶	0	3	0	3
8升桶	2	2	5	5

看，一部特殊的计算机就由我们的“台球桌”和“聪明”的台球创造出来了！用它来解决关于倒水的问题，真是不错的选择。

一笔画成的图形

【题】如图10–15，请你将图中的5个图形复制到一张纸上，再用铅笔将每个图形一笔绘出。换句话说，就是在绘的过程中，不能中断，更不能重复。

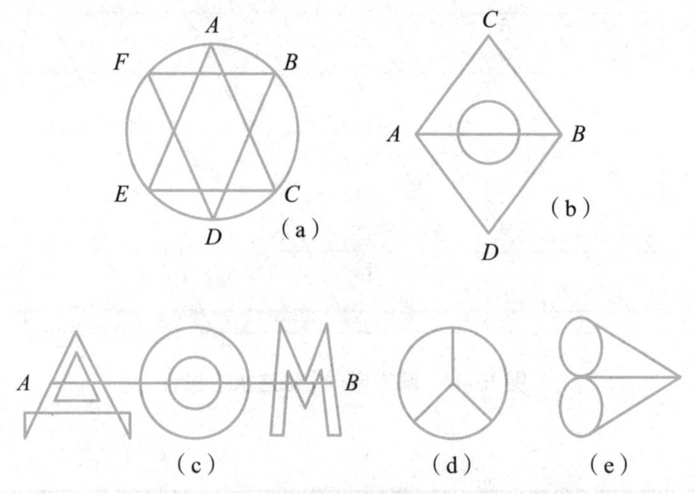

图10–15 试把图中每个图形一笔到底画出，不许把铅笔离开纸面，已画过的线，不许画第二次

很多人在看到这5个图形时，都选择看似容易的（d）图作为入手点，结果他们均以失败告终。于是，他们中极少有人试着去将余下的几个图形试一下。不过，令他们意外的是，第一、二个图形可以相当轻松地一笔绘出，甚至第三个图形，看似复杂，也可以一

笔绘出。只不过，第五（e）和第四个图形（d），无人能将之一笔绘出。

是什么原因导致有些图形可以一笔绘出，有些图形却不能呢？是基于我们的能力不同，还是对于此类图形，想要一笔绘成是不可能的？在何种情况下，某些图形可以一笔绘成，而另一些不能，是否有预先判断的标准呢？

【解】图形中各条线相交的点，我们称之为交点。其中在某个交点会合的，如果线条数是偶数条，那么这个交点是偶交点；如果线条数是奇数条，那么这个交点则叫作奇交点。图（a）中的所有交点都是偶交点。图（b）中*AB*两点是奇交点。图（c）中横切图形的直线两端是奇交点。图（d）有四个奇交点。图（e）中有四个奇交点。

首先，我们研究一下全部都是偶交点的图形，如图（a）。开始画时我们可以从任意交点开始。假设我们先经过的是*A*点，这样我们就能描绘出一条通向*A*点、一条从*A*点离开的两条线。由于每条经过偶交点走出和走入的线条数都是相等的，因此，未被画到的线条数每次就要减少两条。

然而，假如我们又回到了原点，并且我们没有别的路可以继续走下去，同时我们还有没有画过的线在图形上，下面我们假设这些没有画过的线是从我们已经经过的*B*点牵出来的。那么，这时我们的路线就必须要修改一下：到达*B*交点的时候，我们要先画出还没有画的线，之后再回到*B*点，最后再沿着原来的路继续往前走。

另外，图形（a）也可以用同样的方法画出来：我们先把三角形*ACE*画出来，在我们再次到达*A*点后，画出圆周*ABCDEFA*。这样操作一番，我们就描绘不到三角形*BDF*了。所以，在这里我们还要修改一下路线，如在离开交点*B*时要把三角形*BDF*画完之后描画弧线*BC*。

综上所述，若一个图形中的全部交点都是偶交点，则从图形的任意交点开始画都可以一笔画好，且你描画出的终点和起点是重合的。

我们接下来再来分析一下有两个奇交点的图形。如图（b），*A*点和*B*点就是它的两个奇交点。

不管图形是怎样的，我们同样可以把它一笔画出来。

其实，从第一个奇交点开始画，我们经过几条线后可以走到第二个奇交点，就像图形（b）中从*A*点出发经过*C*点画到*B*点是一样的。

把这些线画完之后，实际上我们已经为每个奇交点除去了一条线，这条被除去的线就好像消失了一样。如此之后，两个奇交点转换成了两个偶交点。如图形（b），*ACB*画完之后就只留下了一个三角形和一个圆形了。我们已经知道这样的图形是可以一笔画下来的，所以，我们只用一笔就可以把整个图形描绘出来。

但是，还是要补充一点：为了不造成和原有图形隔绝的局面，当你从第一个奇交点开始描画时，要适当地选择画向第二个奇交点的路线。

总之，如果有两个奇交点在一个图形中，则从其中一个奇交点开始，以另一个奇交点结束才是正确的画法。换句话说，描画的起点与终点不会重合。

因此，结论是：如果有四个奇交点在一个图形中，我们要想将它一笔画出是不可能的。我们需要两笔，然而，如果画两笔的话就不合题意了。图10–15中的（d）和（e）两个图形都是这种情况。这时相信你该体会到了如何学会正确地思考问题的重要性了。

可能很多读者已经开始感觉到厌烦了，但是付出才会有回报，相信你为此付出的努力会得到回报的。学习之后，你就能熟练判断一个图形能否由一笔画出，并且能准确判断起点在哪。另外，你还可以把这类题目告诉你的朋友，他们也可以练习一下大脑。

在最后，我们出一道题目，请把图10–16中的两个图仅仅用一笔描绘出来。想知道有关这道题更多详细情况，又具有一定基础的读者们，可以参考一下拓扑学的教材。

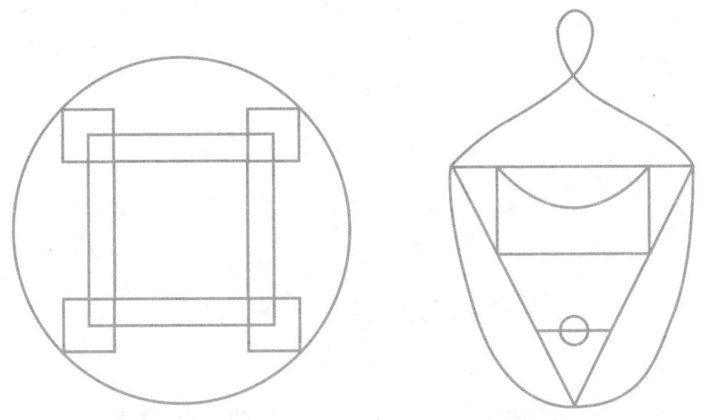

图10–16　请把两个图形分别用一笔描绘出来

哥尼斯堡的七座桥梁

如图10-17，这是200多年前的哥尼斯堡（即现在的加里宁格勒）的波列格尔河上的七座相连的桥。1736年，下面的题目引起了数学家欧拉的兴趣。题目的内容是：倘若你在城市里散步，你能否一次性地走过这7座桥？

我们可以相当轻松地发现，这个问题与上一节讲的描绘图形的题目相当相似。如图10-17，我们来做第一步，将可能经过的路径画出来。结果我们会发现，得到了具有四个奇交点的图形，和图10-15中的（e）是相同的。

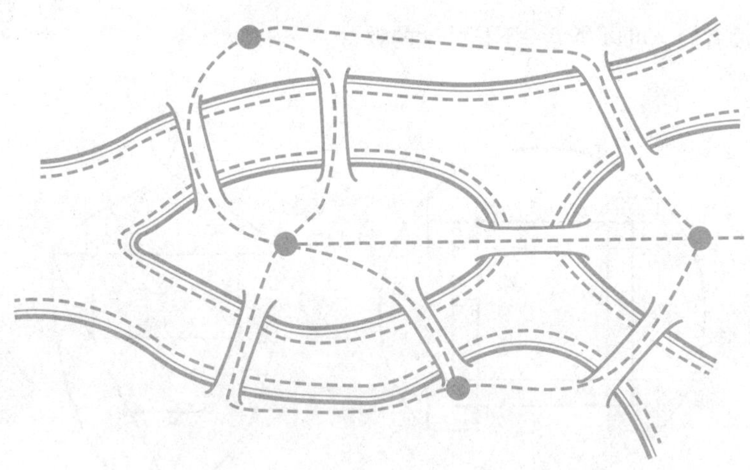

图10-17 假如每座桥上只准走一次，就不可能把七座桥梁全部走完

我们也知道，这种图形是不可能靠一笔画出来的，所以，在每座桥只能走一次的前提下，这7座桥要全部走完是不可能的事情。关于这个结论，欧拉在当时就将它证明出来了。

几何学玩笑

当你和你的同学获知怎样一笔画成图形的秘诀后，你向你的朋友们夸口，声称你可以做到一笔经过四个分散的点，从而画出不连续的图形。关键是，在此过程中，你的笔不会离开纸，也不用增添其他线条。如图10–18所示。

你相当清楚，这是你根本做不到的事情，不过你已经吹嘘出去了，那么应该如何挽救呢？不要着急，看看下面的小花招，可以帮你解脱尴尬。

如图10–18，你将A点设为画画的起点。当你画了一个圆周的四分之一时，也就是画完弦AB之后，你在B点放上一张透明的纸，或者将画有图形的纸的下部折叠起来。然后，你将半

图10–18

圆下部用铅笔引到与B点相对的D点。

现在，你再拿走透明纸，或者打开折叠的纸，此时余下的就只有那张画有AB弦的纸了。不过，铅笔却落到了D点，尽管此时你并不曾让笔离开纸的表面。

下面，你还需要将整个画面画完。先画出弦DA，接着画直径AC、弦CD和直径DB，最后画弦BC。当然，你可以将D点设为绘画的起点，下面的路线你就得自己好好找一找了。

正方形的检验

【题】有一位裁缝想检验一块料子是不是正方形，他的做法是：把这块布料沿着两条对角线对折两次，结果是这块布料的四个边是完全相互重合的。那么，请问，这个检验的方法可靠吗？

【解】题目中裁缝的做法仅仅证明了这块布料的四条边都是相等的。事实上，具有这个特性的不仅有正方形，在一个凸角的四边形里，还有菱形，我们知道正方形是特殊的菱形，只有在它的各角都是直角的时候才能成为正方形。

所以说，裁缝所使用的这个方法是不可靠的。除了这个方法所确定的之外，还有一点必须要确定，即这块布料的四个角都是90°。要想确定这一点，我们可以把这块料子沿它的中线再折一下，看看各角是否能重合在一起，能够重合，即证明是正方形。

下棋游戏

在进行此项娱乐之前，我们要准备如下用品：一块四方形的纸，一些形状一样而且是对称的物品，像同样分值的硬币，一些围棋子，一些火柴盒。另外，这些小物品的数量要尽量多，达到可以将整张纸铺平的程度。

游戏的玩家要有两个，每个按顺序将棋子一个一个地在纸上的空白处摆好，直到整张纸再没有可放的地方。

一旦将棋子放下，就不允许变动。最后一位落子的玩家是胜方。

【题】请你找出一种方法，让先走的人获胜。

【解】倘若想让先走的玩家获胜，那他就应该将他的第一颗棋子放在纸的正中心，令这颗棋子的对称中心与纸的中心合二为一。另外，还要让每次的棋子要放在对手所放棋子的对称位置就可以了，如图10–19所示。

理由是，按此规则，先放棋子的人无论何时总可以为自己的棋子找到位置。所以，他定会获胜。

此方法有相应的几何原理：四方纸有自己的对称中心，此中心会将通过它的任何一条直线分成相等的两份儿。同时，通过它的直线还能将图形分成相等的两部分。所以，在这个四方纸上，除了这个对称中心外，还会有许多对称中心，即其他所有点都会有与之相对称的点。

图 10-19　几何游戏：最后放下棋子的那个人为赢家

据此我们可以发现：倘若开局的人能抢先占到图形的中心位置，那么接下来，无论对方将棋子放在何处，他都能为自己的棋子找到一个对称的点儿。

另外，还有一个原因是，对于每次都是后走棋的人来说，到最后的时候，他会因为无放棋子的位置而输掉整个棋局。

名师点评

“不用圆规来作圆”一节中，在过点A作BC的垂线时，提到连接AB、AC，则BE和CD两条直线是三角形ABC的高线，其中涉及的原理为圆周角问题，如下图，$\angle BDC$和$\angle BEC$为直径BC所对的圆周角，而圆周角的性质为“直径所对的圆周角为90°”，所以有CD、BE为高线的结论。

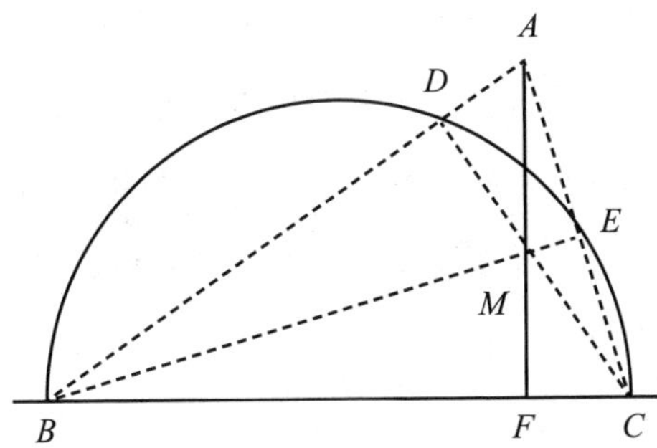

“铁片的重心”一节，在作两个矩形围成的组合图形的重心时，根据不同的分割结果能得到重心一定经过直线O_1O_2，且经过直线O_3O_4，而通过两直线相交有且只有一个交点的原理，便可确定该组合图形的重心。

“拿破仑的题目”中，在对圆周进行四等分过程中用到了垂径定理的知识。如下图，因为$\angle AOB=\angle BOC=60°$，所以$AB=BC$，$OB$垂直且评分$AC$，所以在含30°的直角三角形$AOE$中，$AE=3OE=\dfrac{\sqrt{3}}{2}r$，进而$AC=\sqrt{3r}$。

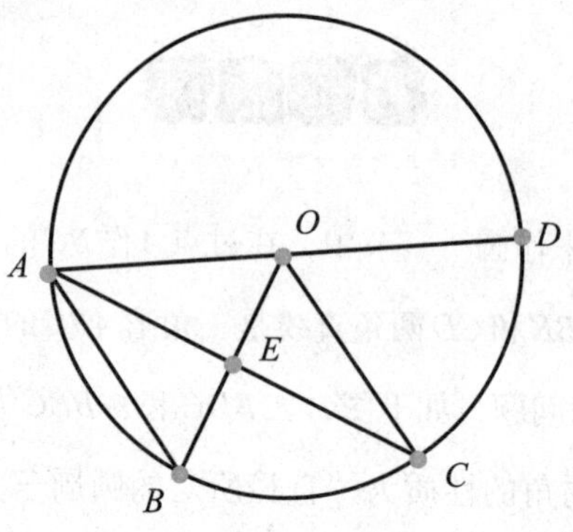

三分角器的应用原理，文中用全等三角形的概念给出了解释。事实上也可以利用垂直平分线的性质和角平分线的判定作出解读。在三角形 ASO 中，因为 $AB=OB$，且 AO 垂直于 SB，所以 SB 为 AO 的垂直平分线，“根据垂直平分线上的点到线段两端点的距离相等”，易得 $AS=OS$，即三角形 ASO 为等腰三角形，根据三线合一便可得出 $\angle ASO=\angle BSO$。在 $\angle BSN$ 中，因为 OB 垂直于 SB，ON 垂直于 SM，且 $OB=ON$，根据“角的内部到角两边相等的点在角的平分线上”，易得 $\angle BSO=\angle NSO$，由此便可得出三等分角。

在检验一个四边形是否为正方形之前，首先要知道什么是正方形。正方形是四条边相等且四个角相等的四边形。文中如果只证明四条边相等，只能证明该四边形为菱形，还需要确定四个角相等才行。

第十一章 几何学中的大和小

就概念的定义而言，大和小是相对而言的，也是相对产生的。那么在几何学中，这一组相对产生的概念是如何得来的呢？

在一立方厘米空气中有多少个分子？

27后面竟然有18个0，这节标题里的数字真的是很大很大。这个巨大的数字有很多不同的读法，有些人，像会计类职业的，读成27艾。还有些人则会读成27万亿。另外，我们还可以把这个数字简写成27×10^{18}，这样一来，又可以把它读成“27乘以10的18次方”了。

在这仅有一立方厘米的小小空间里，到底是什么东西有着如此惊人的数量？事实上，我们将要谈论的主题就是存在于我们周围的空气微粒。

空气和世界上的任一物体一样是由大量分子组成的。一些物理学家的调查显示，每一立方厘米的空气中，在0℃的条件下，有27×10^{18}个分子。多么庞大的数字啊！看到这个数字恐怕最富于想象力的人也会一筹莫展。是否有什么东西的数量可以与它匹敌呢？

全世界的人口数量可以吗？可是一立方厘米的空气分子数目要比它大54亿（5.4×10^{9}）倍，因为整个地球一共才有50多亿[1]人。倘若使用最科技的望远镜观察到的星体全部都跟太阳一样周围有很多行星围绕，同时，这些行星上的人口都和地球上的相同，则所有

[1] 此数据为作者当时所处时代的数据。——译者注

行星上的人口都不及这1立方厘米的空气分子的数量。如果你真的固执地想弄清这些隐藏起来的“人口”，不停地数下去即使每分钟你可以数100个，你也要数5000亿（5×10^{11}）年。

但是，即便数字稍微小一些，我们也很难想象出来。

例如，当有人跟你谈到放大1000倍的显微镜时，你是如何想象显微镜下的物体的？

但是，并不是所有人都能正确地体会到物体被放大1000倍是什么样的感觉，尽管这个数字本身并不大。除此之外，人们是很难正确判断在显微镜下观察到的物体到底有多大的。

在25厘米处，也就是在正常明视范围内，你会发现，观察一个被放大了1000倍的伤寒杆菌，竟然只有苍蝇大小（图11–1）。所以，这个杆菌的实际大小你能想象出来吗？

图11–1　一位青年在审视放大1000倍后的伤寒杆菌

图11–2　放大1000倍的青年

是不是难度很大？不过，想象你将自己连同杆菌都放大了1000倍。这样一来，你的身高就能达到1700米左右。此时你的头发会位于云层上方，纵然是最高的摩天大厦也不过到你的膝盖的位置，如图11–2。这个想象出来的巨人与实际的人之间的相差倍数，就是苍蝇比杆菌大的倍数。

体积和压力

你是不是会提出以下疑问：对于27×10^{18}个空气分子而言，“住”在仅为1立方厘米的空间，是否过于拥挤？答案是否定的，一点儿也不拥挤。原因是，不管是氧分子还是氮分子，它们每个的直径都是$\frac{1}{10000000}$毫米（或写作3×10^{-7}毫米）。倘若我们用这些分子的立方作为它们的体积，那么就出现下面的结果：

$$\left(\frac{3}{10^7}\right)^3\text{毫米}=\frac{27}{10^{21}}\text{立方毫米}$$

我们知道，每一立方厘米中有27×1018个分子，那么，所有分子所占用的总体积大约是：

$$\frac{27}{10^{21}}\times27\times10^{18}=\frac{729}{10^3}\text{（立方毫米）}$$

这些分子占用的体积竟然还不到1立方厘米的千分之一呢，也就是还不到1立方毫米。所以，我们可以得知，分子的直径要比分子间的间隙小很多，因此，这些分子可以在这样的空间内自由活动。空气的分子并不是静止的，事实上，它们时时刻刻不停地在它们所占据的空间里移动着。

大家都知道，如果想要大量贮存氧、二氧化碳、氢、氮以及其他有工业上用途的气体必须有大量的巨大容器。比如，在常压下1吨（1000千克）的氮要占800立方米的体积，即，我们需要一个8×10×10立方米的容器贮存不过一吨的纯氮气。同样的，我们需要10000立方米的容器，贮存一吨的纯氢。

其实，很多工程师都试着压缩这些气体分子来解决气体的储存问题。但是把这些气体压缩变小并不是一件简单的事情。因为，不管你用多大的力气压缩气体，气体都会以同样的压力施予容器，即反作用。所以，鉴于此，容器的质量和抗压力必须非常好。另外还有一个重要的问题必须考虑，那就是：容器一定不能与所装气体发生化学反应。因为这个原因，用合金钢材制造成的新式化学容器产生了。这个容器克服了以上所列各种问题，抗压、抗高温，不会和气体发生化学上的不良反应，等等。

所以，现在在工程师的努力下，能够把氧气压缩到原来体积的$\frac{1}{1163}$。这样一来，我们只需要用一个容积为9立方米的钢筒，就能装下原来要用容积为10000立方米的容器贮存的1吨氢气了（图11–3）。

要想把氢气压缩到原来体积的$\frac{1}{1163}$，你知道它需要承受多大的压力吗？从物理学知识可以知道：气体体积压缩为原来多少分之一，压力则随之增加多少倍。或许你会立刻说出氢气承受的压力是原来的1163倍，但是，事实并不是如此。氢气在桶里受到5000气压的压力，也就是说氢气所承受的压力增加到了5000倍，而不是增加了1163倍。这是由于气体体积的变化与压力成反比这条规则有一定的限制，它只在相对压力较小的情况下才是正确的，压力过高的情况下则不能使用。比如，在化工厂中，正常的大气压下，1吨的氮，所占的体积大约为800立方米，受到10000大气压压力时，其体积被压缩为1.7立方米。假如继续增压，达到5倍，即5000大气压时，其体积也不过缩小到1.1立方米而已。

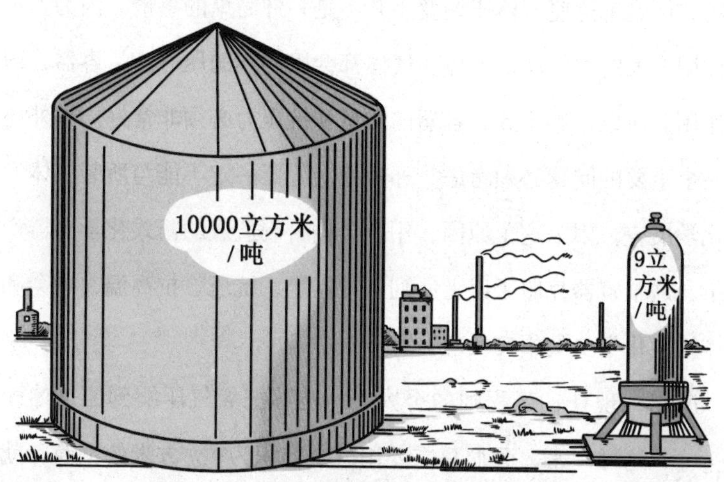

图 11-3 1吨重的氢气，左图是在大气压力下所占体积，右图是在5000气压下所占体积（此图没有严格地按照比例）

比蛛丝更细，却比钢更硬

一条蛛丝的直径约为5微米，即0.005毫米，那么，世上还有比它更细的东西吗？谁才是这个世界上最“心灵手巧”的纺织工？蜘蛛还是蚕？有人说是蚕，但你知道吗？蚕丝的直径大概是18微米，那可是蛛丝的3.6倍呢。

很久之前就有人梦想能具有超过蜘蛛和蚕的纺织本领。古希腊传说中，有一位名叫奥拉克妮的织女，她的纺织技巧简直达到了超凡脱俗的地步。她能织出薄如蛛丝的东西，像玻璃般透明，如空气般轻微，恐怕连智慧女神和手工艺的守护神雅典娜都不能与之相比吧。

这个传说在今天已经变成了现实，正如其他很多古代的传说现在变成现实一样。从普通木材中提炼出坚韧又极细的人造纤维的那些化学工程师们无疑就是当代的奥拉克妮。比如，使用铜氨法制出的人造丝，其直径只有蛛丝的$\frac{1}{2.5}$，然而，其坚韧度却不逊于天然丝。天然丝的横断面是1平方毫米时，就可以承受住30千克的重量，相比之下，用铜氨法制造出的同样的人造丝也可以承受25千克的重量。使用铜氨法制丝非常的有意思。首先，人们把木材加工成纤维素，之后，在氧化铜的氨溶液里溶解纤维素。透过小孔这些溶液会流到水里，水会把溶剂除去，最后，把制成的丝在特定的装置上绕缠。用这个方法制出的丝仅仅有2微米粗细。

还有一种方法也可以制丝，但它制出的丝比铜氨法制出的丝粗1微米，这个方法是醋酸纤维素法。很令人惊讶的是，用醋酸纤维素法制造出的人造丝中有几种竟然比钢丝还要坚韧。钢丝横断面为一平方毫米时承受的重量是110千克，而在同样情况下用醋酸纤维素法制成的人造丝竟然能承受高达126千克的重量。

大家都知道，用粘胶法所制成的人造丝，粗细大约为4微米，而这种人造丝的横断面为1平方毫米时坚韧度的极限在20 ~ 62千克之间。如图11–4所示，分别为蛛丝、人发、各种人造纤维以及棉、毛纤维的粗细对比；图11–5显示的则是这些纤维横断面为1平方毫米时所承受的重量（千克）的对比。人造纤维，又称之为合成纤维，是现代具有重大经济意义的技术发明之一。

棉花的产量取决于天气和收成且生长得很慢。蚕这个天然丝的生产者能力也有限，一只蚕一生仅仅能生产出重量为0.5克的蚕丝的茧……

而使用化学方法制造出的1立方米木材制出的人造丝，其数量相当于32000只蚕丝茧，相当于一头羊一年剪毛量的30倍，或是一亩棉花田平均收获量的七八倍。而这些纤维又可以生产出至少4000双女丝袜或1500米的丝织品。

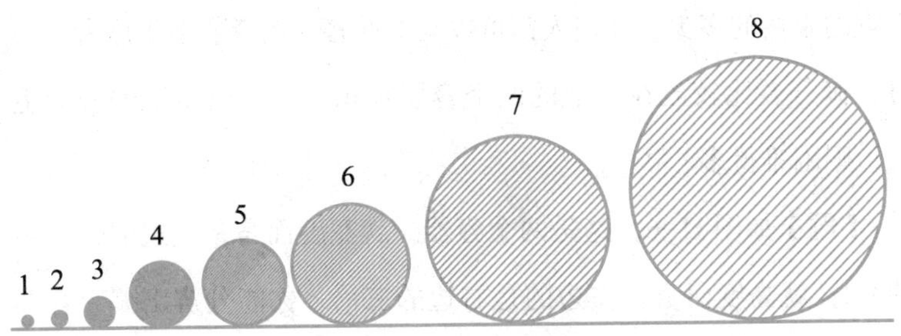

图 11-4　几种纤维的粗细比较

1. 铜氨法制人造丝；2. 蛛丝和醋酸纤维素法制人造丝；
3. 粘胶法制人造丝；4. 耐纶；5. 棉；6. 天然丝；7. 羊毛；8. 人发

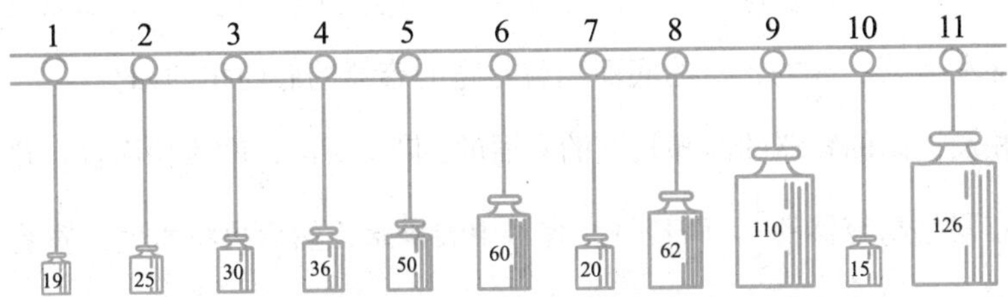

图 11-5　纤维的极限坚韧度（每平方毫米截面所承受的千克数）

1. 羊毛；2. 铜氨法制人造丝；3. 天然丝；4. 棉；5. 人发；6. 耐纶；
7. 粘胶法制人造丝；8. 高强度粘胶法制人造丝；9. 钢丝；
10. 醋酸纤维素法制人造丝；11. 高强度醋酸纤维素法制人造丝

两个容器

每逢我们将物体的面积和体积进行比较，而非比较它们的数量的时候，我们常常对于两个物体谁大谁小很糊涂。对于5千克和3

千克的果酱的多少，任何人都可以马上回答，前者要多于后者。不过，倘若要比较放在桌上的两个容器容积，一口说出谁的容量更大，则困难得多。

【题】如图11–6，这是两个容器，就宽度而言，左边的是右边的1/2，就高度而言，左边的是右边的三倍。你能分辨出哪个容器的容量更大吗？

【解】宽的容器比高的容器的容量更大些。这个答案是不是令大多数人感到惊讶？让我们进行具体分析。

理由是，就宽度而言，高的容器只是宽的容器的一半，那么就面积而言，高的容器的底面积就是宽的容器的底面积的四分之一。相反，高的容器的高却是宽的容器的3倍。所以，就体积而言，宽容器是高容器的$\frac{4}{3}$。倘若将高容器中装满水，然后再将水倒入宽容器内，结果是水只占宽容器的$\frac{3}{4}$，参见图11–7。

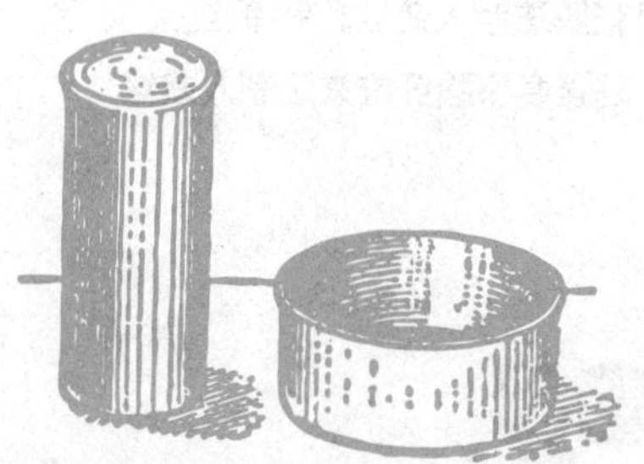

图11–6　哪一个容器的容量更大？

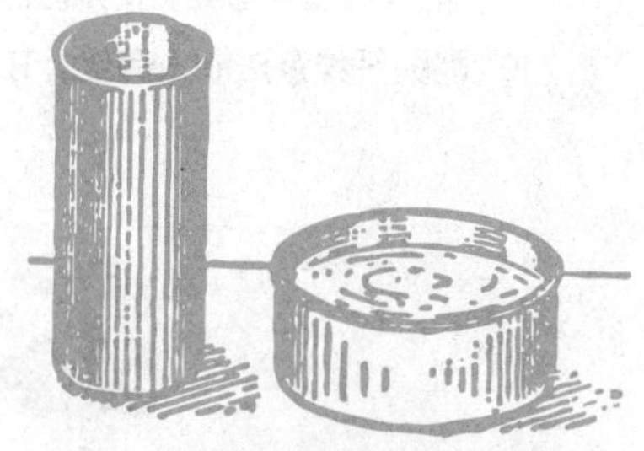

图11–7　把盛满高容器的水倒入宽容器后的结果

名师点评

两个圆柱体容器比较体积大小时，关键在于其体积公式的影响元素。我们知道圆柱的体积公式为$V=S_{底} \cdot h$，而题目中告诉我们第二个圆柱的底面积是第一个圆柱的4倍，高是第一个圆柱的$\frac{1}{3}$，根据体积公式，易得体积为第一个圆柱的$\frac{4}{3}$。